对地观测卫星系统顶层设计参数优化方法

Research on Method of Optimization of Top Design Parameters for Earth Observation Satellite System

刘晓路　陈宇宁　陈盈果　姚锋　著

国防工业出版社

·北京·

内 容 简 介

本书围绕对地观测卫星系统顶层设计参数优化展开,介绍了参数设计优化的相关概念、理论和方法,同时也就对地观测卫星系统相关的背景和基础知识进行了简明阐述。主要内容包括:对地观测卫星系统覆盖性能指标体系、基于试验设计和代理模型的优化框架、综合拉丁方试验设计方法、Kriging 代理模型构建和优化方法等。

本书主要面向管理科学与工程及遥感应用领域相关专业的研究生、科研工作者和工程技术人员,在编写过程中力求从应用出发,结合当前技术现状和未来的发展,可为相关领域科研技术人员提供有实用价值的参考。

图书在版编目(CIP)数据

对地观测卫星系统顶层设计参数优化方法 / 刘晓路
等著 . —北京:国防工业出版社,2020. 10
ISBN 978-7-118-12139-1

Ⅰ. ①对… Ⅱ. ①刘… Ⅲ. ①测地卫星–系统优化
Ⅳ. ①V474. 2

中国版本图书馆 CIP 数据核字(2020)第 180511 号

※

国防工业出版社出版发行

(北京市海淀区紫竹院南路 23 号   邮政编码 100048)
天津嘉恒印务有限公司印刷
新华书店经售
*
开本 710×1000   1/16   印张 10¾   字数 180 千字
2020 年 10 月第 1 版第 1 次印刷   印数 1—1500 册   定价 76.00 元

(本书如有印装错误,我社负责调换)

国防书店:(010)88540777   书店传真:(010)88540776
发行业务:(010)88540717   发行传真:(010)88540762

　　"十二五"以来,随着"高分辨率对地观测"重大专项的启动与实施,我国的对地观测卫星系统进入一个新的高速发展时期。对地观测卫星是利用星载光电遥感器或无线电设备等有效载荷,从飞行轨道上对地面、海上或空中目标实施观测并获取目标信息的人造地球卫星;对地观测卫星系统是在地球大气层外太空部署的一个或多个卫星平台及其遥感器所构成的信息获取系统。作为宏观的信息感知体系,是进行地面信息收集的主要太空平台,具有覆盖区域广、安全性能高、不受空域国界和地理条件限制等优点。其总体任务目标是为国家的发展建设和社会活动、军事斗争的指挥决策及作战行动提供信息支持,其数据与信息已经成为国家的基础性和战略性资源,被广泛用于国土普查、环境监测、灾害防治以及军事侦察等各项活动中。

　　过去几十年中,我国的对地观测卫星无论是数量还是质量都有了极大的提升,但系统的整体性能与应用期待还有一定差距,尤其在应急灾害快速响应、重点区域覆盖等方面能力较差。随着我国对地观测卫星系统建设的不断推进,卫星应用也向广度和深度发展,各行业用户根据业务需求提出了多样化的对地观测任务需求,这些任务需求需要卫星系统具备不同能力。如何从系统长远发展角度,综合考虑卫星类型、轨道部署、遥感器类型、分辨率和幅宽等因素,从顶层设计进行整体优化,保障系统内高、中、低轨道卫星相结合,大、中、小卫星相协同,高、中、低分辨率相弥补,能够准确有效、快速及时地提供多种空间分辨率、时间分辨率和光谱分辨率的对地观测数据,成为目前对地观测卫星系统发展急需解决的一个关键技术问题。

　　本书正是在这样的背景下,重点针对前述问题,系统阐述了作者多年来在对地观测卫星系统优化设计以及任务规划方面积累的研究成果。本书主要面向管理科学与工程及遥感应用领域相关专业的研究生、科研工作者和工程技术人员,在编写过程中力求从应用实践出发,结合当前技术现状和未来的发展,扩展读者的视野和知识面,并为相关领域科研技术人员提供有实用价值的参考。

本书共分 7 章,主要内容有绪论、对地观测卫星系统顶层设计参数优化问题及其求解框架、对地观测卫星系统性能建模及分析、综合拉丁方试验设计方法、基于多点更新的 Kriging 代理模型及其优化、应用实例、总结与展望等,其中既包括了当前卫星应用的工程实践,也包括了部分前瞻性研究成果。第 1 章、第 3 章至第 6 章由刘晓路撰写,第 2 章由陈盈果撰写,第 4 章由陈宇宁撰写,第 7 章由姚锋撰写,刘晓路负责全书的主编和统稿工作。

本书的撰写离不开何磊博士、李超博士等的无私奉献,他们为本书提供了很多素材,书中也包含了他们的一些研究成果。此外,李超博士协助完成了初稿的统稿工作。在此向他们表示衷心的感谢! 本书的出版还受到了国家自然科学基金项目(编号 71501180、71501179)的支持,在此一并表示感谢!

在撰写本书的过程中,我们参阅了大量的文献,书中所附的主要参考文献仅为其中的一部分,在此向所有列入和未列入参考文献的作者们表示衷心感谢!

限于作者的水平,书中难免有不妥与疏漏之处,敬请读者不吝赐教。

作者

2019 年 12 月于长沙

主要缩写列表

ANN   Artificial Neural Networks 人工神经网络 2.3.3.2

CLHD   Comprehensive Latin Hypercube Design 综合拉丁方设计 4.3

CN   Condition Number 条件数 4.2.2

CP   Coverage Performance 覆盖性能 3.2

DACE   Design and Analysis of Computer Experiment 计算机试验设计与分析 5.1.1

DOE   Design of Experiment 试验设计 2.3.3.1

EOS   Earth Observation Satellite 对地观测卫星 1.1

EOSS   Earth Observation Satellite System 对地观测卫星系统 1.1

ESE   Enhanced Stochastic Evolution 改进随机进化 4.1.2

GA   Genetic Algorithm 遗传算法 5.3.1.1

GPS   Generalized Pattern Search 广义模式搜索 5.3

GSD   Ground Sampling Distance 地面分辨率 3.3.1.3

IGPS   Improved Generalized Pattern Search 改进广义模式搜索 5.3

LHD   Latin Hypercube Design 拉丁超立方设计 4.1.2

LHS   Latin Hypercube Sampling 拉丁超立方抽样 2.3.3.1

MLHD   Maximin Latin Hypercube Design 极大极小拉丁方设计 4.4.1

OA   Orthogonal Array 正交矩阵 2.3.3.1

OD   Orthogonal Design 正交设计 2.3.3.1

OLHD   Orthogonal Latin Hypercube Design 正交拉丁方设计 4.1.2

OTDP   Optimization of Top Design Parameters 顶层设计参数优化 1.1

RAAE   Relative Average Absolute Error 相对平均绝对误差 5.2.2

RBF   Radial Basis Function 径向基函数 2.3.3.2

RLH   Random Latin Hypercube 随机拉丁方 4.3.2.3

RMAE   Relative Maximum Absolute Error 相对最大绝对误差 5.2.2

SA   Simulated Annealing 模拟退火 4.3.1

SBO   Simulation Based Optimization 仿真优化 2.2.1

SE   Stochastic Evolution 随机进化 4.1.2

SQP   Sequential Quadratic Programming 序列二次规划 5.3.1.2

STK   Satellite Tool Kit 卫星工具包 2.3.1

UD   Uniform Design 均匀设计 2.3.3.1

VFSA   Very Fast Simulated Annealing 非常快速模拟退火 4.3.1

CONTENTS | 目录

第 1 章
绪 论

对地观测卫星(Earth Observation Satellite,EOS)在空间利用遥感器收集地球大气、陆地和海洋目标辐射、反射或散射的电磁波信息,并记录下来,由信息传输设备发送回地面进行处理和加工,从而获取反映地球大气、陆地和海洋目标特征的信息。对地观测卫星系统(Earth Observation Satellite System,EOSS)是在地球大气层外太空部署的一个或多个卫星平台及其遥感器所构成的信息获取系统,作为宏观的信息感知体系具有覆盖区域广、安全性能高、不受空域国界和地理条件限制等优点,其总体任务目标是为国家的发展建设、社会活动、军事斗争指挥决策提供信息支持,其数据已经成为国家的基础性和战略性资源。

EOSS 在国土调查、环境保护、资源开发、农业估产、城镇规划、军事侦察等领域发挥的作用越来越大,随着我国"高分一号""高分二号""高景系列"卫星的升空,对地观测卫星系统的应用不断向着广度和深度拓展,对 EOSS 整体性能和观测效能提出了更高的要求,尤其是面向应急突发事件的快速响应能力,如:①处置反恐维稳,加强对重点区域的情报收集与分析;②应对周边热点地区(如东海、南海等)的突发事件;③做好对重大自然灾害的救援和评估工作。这些应急需求与传统的观测需求相比,具有突发性、短暂性和局部性,因此天基信息的响应速度成为衡量空间系统性能的重要指标之一。

↘ 1.1 问 题 来 源

EOSS 顶层设计参数优化问题源于我国"环境""资源"等系列卫星的运行

管控。在与卫星管控部门的合作过程中我们发现,在很多调度场景下 EOSS 对任务的完成率并不高,起初以为是调度算法的参数配置有问题,但大量的实验证明不管我们怎样更改算法的参数设置,EOSS 对任务完成率的改善并不大。即使将场景的调度周期延长(将 1 天改为 1 周),卫星对这些任务的完成率的提高也十分有限,而且有些任务始终不能被观测,而统计那些被完成的任务,发现系统对任务的响应时间都比较长。

一方面,我们通过分析卫星对目标任务的可见性,发现卫星对很多目标都没有观测窗口,即卫星对这些目标是不可见的,导致无论怎样调整算法参数都很难提高任务完成率;另一方面,通过分析卫星对任务的响应时间,我们发现卫星对很多任务的响应时间都在 40h 以上。如果是在应急或战时情况下,系统将很难满足用户的观测请求。在这种情况下,为了提高卫星对任务的完成率、缩短系统对任务的响应时间,就只能通过调整 EOSS 自身的结构、改变 EOSS 的顶层设计(这里主要体现为轨道配置)来实现。

类似地,如图 1.1 所示,10 颗卫星组成两种不同的 EOSS:(a)中 10 颗卫星部署于同一个轨道面,除了真近点角外的其他轨道参数均相同;(b)中 10 颗卫星分别部署于 5 个轨道平面上,不同轨道面上的卫星轨道参数差异较大。很明显,空间上(a)中 EOSS 的覆盖范围非常有限,但时间上却有较好的覆盖连续性,而(b)中 EOSS 能够对全球任一目标进行观测,但对同一目标的重访时间较长。因此,若考虑全球覆盖,(b)星座明显优于(a);若考虑对同一区域的连续覆盖,则(a)星座将优于(b)。由此可以看出,不同的顶层设计将带来完全不同的覆盖性能。

(a) 10 颗卫星,1 个轨道面　　　　　　　(b) 10 颗卫星,5 个轨道面

图 1.1　不同顶层设计对 EOSS 性能的影响

通过上述两个实例说明 EOSS 的覆盖性能取决于 EOSS 的结构,而我们将这种结构称之为顶层设计。为了提高上述场景中 EOSS 的任务完成率、缩短 EOSS 对任务的响应时间,需要调整其轨道参数配置。当卫星数目较多时,可调整的参数将达到十几甚至几十个,应该调整哪个? 如何调整? 这是本书最初的研究出发点,即针对具体规划场景,寻求一种对地观测卫星轨道参数的优化配置方法,使卫星对任务的完成率最大。

近年来随着小卫星技术的发展,快速发射和部署成为现实,2008 年汶川地震、2017 年我国南方洪水、2018 年玉树地震,面对这种突发性的重大灾害,如果能尽快地获得灾害信息,我们就有可能将损失降到最小。另外,在战时环境下,快速、完备的信息获取将直接关乎战争的进程,针对战场区域构建能够快速进行重点覆盖的 EOSS 将变得尤为重要,在考虑综合覆盖的条件下如何设计这样的多星系统成为亟待解决的一个问题。

本书以此为契机和背景,提出了 EOSS 顶层设计参数优化问题(Optimization of Top Design Parameters for EOSS,OTDP),并围绕该问题展开相关研究。

1.2　研究背景及意义

目前,我国已经有资源、气象、环境等多颗、多类型的对地观测卫星在轨运行,在不同轨道上进行多平台、多传感器对地观测,获取不同分辨率的光学和雷达遥感图像,在我国经济发展和国防建设中发挥了巨大作用。为进一步满足国家在经济建设、军事侦察、灾害防治、环境保护等方面的对地高分辨率观测需求,国家中长期科技发展规划将高分辨率对地观测系统列为十六个重大科技攻关专项之一,计划到 2020 年前建设完成稳定的对地观测卫星系统,我国"十二五"科技发展规划中也将地球观测技术作为需要强化的前沿技术进行研究[1]。

长期以来,我国对地观测卫星系统建设大多采用单星建设模式,缺乏系统级的顶层设计指导,卫星系统参数主要考虑覆盖、布局等几个设计指标,建设重心更多偏向于卫星及载荷性能改进等关键技术突破,而对系统整体建设、顶层设计优化及对完成任务能力关注较少,造成卫星应用和系统建设相脱节。这一方面直接造成了大量人力、物力的浪费,没有将经费用于真正需要攻克的关键项目上;另一方面造成的后果是无法在系统建设之前对系统应对未来可能观测任务的效能做出准确评价,只能出现问题后进行事后修补。以 2008 年汶川地震为例,由于我国卫星轨道设置、载荷配置以及卫星之间的协同问题,导致无法充分发挥在轨卫星的作用,所获取遥感图像的分辨率和时效性与实际应用需求还有较大差距[2],只能临时采用国外卫星图像信息和航空遥感信息进行补充。

在今后我国 EOSS 建设过程中,卫星管理及总体设计部门需要解决的一个重要问题就是顶层设计。对地观测卫星系统顶层设计的最主要任务是面向观测任务需求,确定对地观测卫星系统中的卫星轨道及载荷等主要性能参数,其设计结果直接决定了整个 EOSS 的能力、成本、技术实现难易程度、系统对任务的完成效能等。

随着我国对地观测卫星系统建设进行与卫星应用向广度和深度发展,各行业用户根据业务需求提出了多样化的对地观测任务需求,这些任务需求需要卫星系统具备不同能力。如何从系统长远发展角度,综合考虑卫星类型、轨道、遥感器类型、分辨率和幅宽等因素,从顶层设计进行整体优化,保障系统内各种高、中、低轨道相结合,大、中、小卫星相协同,高、中、低分辨率相弥补,能够准确有效、快速及时地提供多种空间分辨率、时间分辨率和光谱分辨率的对地观测数据,成为目前急需解决的一个关键技术问题。

↘ 1.3　EOSS 顶层设计参数优化问题

顶层设计是在系统建设的早期,确保满足全系统综合集成、一体化需求的关键环节。而本书中的 EOSS 顶层设计参数是相对 EOSS 性能而言,主要包括轨道参数配置和遥感器参数配置。

我们依照优化问题的四个要素[3]:设计变量、约束条件、目标函数、问题背景,对 EOSS 顶层设计参数优化问题进行定义:

> ➢ 设计变量:本书所考虑的 EOSS 顶层设计参数主要包括轨道参数和载荷参数,它们将直接影响 EOSS 的性能;
> ➢ 约束条件:EOSS 顶层设计的约束条件实际上是由用户需求抽象而来的,一般与系统性能息息相关,如地面分辨率要求、观测时效性要求等;
> ➢ 目标函数:体现为 EOSS 的性能,如覆盖率、响应时间等,具体取决于用户的需求,实际上还应该考虑系统的构建成本,但是国内暂时没有标准的成本函数,因此我们将成本简化为卫星个数,即在最大化系统性能的同时最小化卫星个数;
> ➢ 问题背景:我们所考虑的轨道设计是指卫星理想的运行轨道,并没有考虑卫星的发射、变轨等因素,同样载荷因素也是在当前工艺基础上所能

实现的理想载荷,轨道因素、载荷因素间并不是互相独立而是相互制约的,另外有很多专家经验可以借鉴。

综上,EOSS 顶层设计参数优化问题(OTDP)就是根据用户需求,确定对地观测卫星系统中卫星的数量、卫星的轨道参数配置,以及卫星所搭载载荷的主要性能参数,以实现卫星系统覆盖性能的最优,进而最大化满足用户需求。同时也应看到:

(1)构建传统的 EOSS 耗资高、准备周期长,使得其在设计阶段不会面向战术应用,设计的目标是对全球重点区域具有较好的覆盖性。在分析 EOSS 的覆盖性能时,较常用的 EOSS 覆盖性能计算方法是计算机仿真,该方法首先将大面积的区域目标划分为面积较小、形状规则、便于计算的小区域,然后计算 EOSS 对每个小区域的覆盖情况,最终通过统计分析卫星对各个小区域的覆盖情况,得到 EOSS 对目标的整体覆盖性能。对 EOSS 而言,其仿真计算是一项较费时的工作,随着问题规模的扩大(卫星数目的增加或目标面积的变大),其仿真时间呈指数增长,在对其进行部署优化时,需要考虑优化问题设计空间大、仿真耗时等特点,为了控制仿真的时间成本,必须严格限制仿真的次数。

(2)面向具体任务的观测需求,不管采用哪种部署模式,都涉及轨道部署优化,在由多颗卫星构成的协同观测系统中,还面临多颗卫星的配置问题,可见配置和轨道部署策略是本书讨论的重点和难点。卫星配置的选项包括卫星数量和载荷类型(可见光、红外、SAR 等)及参数,轨道部署涉及多个轨道参数。因此,对策略的选择实际上是对一个含离散变量的多目标问题进行优化求解,该问题的复杂之处在于:涉及的变量种类多,变量分层,优化结构不定,计算耗时,系统效能难以量化等。而且,每种部署模式下的优化问题特点不一,用户对部署设计提出的要求也不一样,导致无法应用统一的优化方法进行求解,需要针对问题特点设计相应的优化算法。

针对 EOSS 顶层设计参数优化问题,国内只有较少的研究,而且大多数研究偏向于星座或者卫星编队,这在实际应用中具有较大的局限性。主要在于,我国早期 EOSS 的发展更多偏向于卫星关键技术的攻克和卫星数量的增加,星与星之间不存在严格的构型,EOS 之间的协同也比较松散。严格意义上,我国的 EOSS 更多的是一个多 EOS 系统,因此星座优化设计的方法对 EOSS 优化并不能完全适用。另外,由于缺乏定量化的分析和科学的计算,传统解析的方法也很难解决这种多卫星系统的性能优化问题。

本书的研究对于我国在对地观测卫星系统顶层设计和发展规划方面具有

一定的理论意义和参考价值,通过本书研究能够初步实现:

> ➤ 对现有对地观测卫星系统的性能评估,寻找其能力短板;
> ➤ 支持面向任务的对地观测卫星系统顶层设计参数优化,快速生成系统部署方案,寻找最大化 EOSS 性能的顶层设计参数组合;
> ➤ 分析当前卫星系统能力与未来需求之间的差异,为未来卫星系统的发展规划提供决策支持;
> ➤ 为对地观测卫星系统的进一步发展提供理论支撑。

通过研究和开发对地观测卫星系统顶层设计优化框架,设计实现对地观测卫星顶层设计优化系统,可以弥补国内关于这方面研究的空白,支持我国现有 EOSS 的性能评估,为我国 EOSS 的发展规划提供定量分析和决策支持,也支持待研或待建 EOSS 的概念设计,实现 EOSS 性能的优化。

1.4 章节结构

本书围绕 EOSS 顶层设计参数优化问题展开了相关研究,共分为 7 章,各章的主要研究内容如下:

第 1 章,绪论。提出了 EOSS 顶层设计参数优化问题,并分析了问题的工程来源,阐述了本书的选题依据和研究意义,然后介绍了当前有关卫星系统设计优化的相关方法,对国内外的研究进行了综述,指出了当前研究中存在的问题,同时介绍了本书的主要研究内容。

第 2 章,EOSS 顶层设计参数优化问题及其求解框架。主要从 EOSS 的系统组成和性能计算两个方面出发,分析了 EOSS 顶层设计参数优化问题的复杂性,并在研究和分析试验优化、仿真优化等方法的基础上,形成了基于试验设计和代理模型的 EOSS 顶层设计参数优化问题的求解方法。

第 3 章,EOSS 性能建模及分析。提出了基于点覆盖数字仿真的 EOSS 性能建模方法,形成了 EOSS 的覆盖性能模型,然后从空间覆盖特性和时间覆盖特性两个方面定义了 5 个具体指标对其进行描述,探讨了影响 EOSS 覆盖性能的系统因素,并通过仿真定量分析了各个因素对每个性能指标的影响情况。

第 4 章,综合拉丁方试验设计方法。针对 EOSS 顶层设计参数优化问题设计空间大、仿真耗时等特点,提出了基于快速模拟退火算法的综合拉丁方试验设计方法。该方法综合考虑了仿真点分布的均匀性和仿真点间的独立性,通过科学选择仿真点来抵消仿真次数减少所带来的影响。构建了拉丁方试验设计的评价指标体系,然后在快速模拟退火算法基础上构建了本书的试验设计方法,最后通过对比实例证明了本书方法的有效性。

第 5 章,基于多点更新的 Kriging 代理模型及其优化。针对 EOSS 仿真所产生的仿真数据,采用 Kriging 代理模型对其进行近似和拟合;在 Kriging 代理模型基础上,提出了基于代理模型最优和最大化期望提高的多点更新机制,并构建了基于函数值改进的插值点过滤机制,保证所插入的点对代理模型有较大的更新。同时,提出了基于改进广义模式算法的 Kriging 代理模型求解框架,该框架在搜索步中采用遗传算法求解代理模型全局最优点,采用序列二次规划算法求解局部最优点和期望提高较大的点,而筛选步则在当前最优点周围依据网格寻找改进点。最后,通过多个测试函数对所提的求解框架进行了验证。

第 6 章,应用实例。本章构建了面向突发事件的仿真优化实例和面向重点区域覆盖的优化实例。前者考虑了轨道和载荷两方面的因素,重点分析了各个因素对卫星覆盖性能的影响;而后者则只考虑了轨道因素,以最小化 EOSS 对区域的重访时间为目标,这两个实例是对本书所提求解思路和方法有效性的验证。

第 7 章,总结与展望。本章对本书进行了总结,概括了本书所做的主要工作,分析了本书的不足,并指出了进一步改进的方向。

第 2 章
EOSS 顶层设计参数优化问题及其求解框架

本章从物理组成和系统性能计算两个方面分析了对地观测卫星系统顶层设计参数优化(OTDP)问题的复杂性,在试验优化、仿真优化方法的基础上,针对 OTDP 问题提出了基于试验设计和代理模型的优化求解思路,围绕该思路论述了相关的关键技术,并分析了求解过程中存在的问题。

2.1　顶层设计参数优化问题分析

对地观测卫星系统一般由卫星平台、有效载荷、地面测控系统等各类实体构成,每一类实体又具有不同的状态属性和行为特征。EOSS 是多个对地观测卫星系统的集合体,多星之间通过协同共同完成对地面目标的观测,这使得 EOSS 顶层设计参数优化问题变得非常复杂。

2.1.1　EOSS 物理复杂性

EOSS 是一个复杂的多星系统,卫星的数目从几个到十几个不等,尤其随着小卫星技术的发展,未来的对地观测系统将可能由几十颗小卫星组成。而且对每颗卫星而言,可以搭载的遥感器不止一个,以"ZY-3"星为例,它搭载了包括前视、后视等 4 个光学遥感器。EOSS 中这些资源实体的数量将直接决定系统的规模,也从直观上体现了系统的物理复杂性。

虽然 EOSS 不同于星座或卫星编队,不需要考虑严格的构型和位置关系,但

EOSS 中每颗卫星(实质上是指传感器)的空间位置和姿态及其变化都将影响 EOSS 的总体性能和效能。正如著名空间技术专家王希季院士所言:"由卫星轨道和星座表征的卫星在外层空间的分布情况和运动规律,决定了卫星对外层空间和地球表面的时间和空间的覆盖性能,这种覆盖性能对卫星的效用至关重要"[43]。因此,对不考虑构型的 EOSS 而言,其轨道配置变得非常重要。

EOS 依赖一定的速度飞行于空间轨道上,卫星在按预定轨道运行时,还将受到各种复杂自然摄动力的影响(如地球非球形摄动力、太阳和月球引力、大气阻力、太阳光压等),各种摄动力的性质又各不相同,导致卫星偏离标称轨道运行,其周期、偏心率、升交点赤经和倾角等不断地发生变化。因此,我们通过两行根数(包括 6 个轨道参数)来描述卫星在太空中的位置[44],另外,卫星所搭载载荷的种类、数量和性能也将直接影响 EOSS 的性能,以光学遥感器为例,我们采用 3 个参数对其进行描述,即单颗卫星需要考虑至少 9 个变量。那么,对由多颗卫星组成的 EOSS 而言,其所要考虑的变量将线性增加,而且这些变量的取值空间变化较大,导致整个问题的设计空间变得非常大,这是问题复杂的一个方面。

多卫星组成的对地观测卫星系统中,尽管卫星及其遥感器等实体的位置和姿态是预先设计的,但在轨道摄动等外力作用下,其位置和姿态始终处于随机漂移状态,这将直接引入观测带宽度、入射角、空间分辨率等的随机性,使卫星对目标的观测具有不确定性。除了观测实体,作为被观测对象的目标实体也具有不确定性,体现为空间和时间两个方面,即地理分布上具有一定的随机性,观测时间上具有难以预测性,因而使 EOSS 顶层优化问题更加复杂。

2.1.2　EOSS 性能计算复杂性

EOSS 顶层参数优化问题的复杂性不仅局限于其物理构成,而且其性能计算也非常复杂,体现为性能指标的多样化以及各指标计算的复杂性。

首先,EOSS 的覆盖性能是一个比较笼统的提法,实际应用中有多个指标可以对其进行描述,包括空间性能指标和时间性能指标两个方面,这些指标分别从不同的侧面反映了 EOSS 的覆盖能力,而这些指标无论定义、还是量化都差别较大,具体将在第 3 章进行详细论述。

其次,EOSS 覆盖性能指标的计算比较复杂。在分析 EOSS 的覆盖性能时,较常用的方法是解析法,即根据地面测控和开普勒定律推算单颗 EOS 的运行轨迹,然后根据遥感器参数估算遥感器的地面投影,进而计算卫星对地面目标的覆盖情况。然而地球是一个形状不规则的球体,而且在卫星绕地球运转的同时,地球将绕地轴自转,这使得单星覆盖计算非常复杂,尤其当地面目标的形状不规则或者多个卫星对同一目标的观测出现重叠时,这使得计算在空间上(几何上)呈现极高的非线性,因而复杂情况下解析计算将很难实现。

除了解析法,另外较常用的 EOSS 覆盖性能计算方法是仿真,该方法首先将大面积的区域目标划分为面积较小、形状规则、便于计算的小区域,然后计算 EOSS 对每个小区域的覆盖情况,最终通过统计分析卫星对各个小区域的覆盖情况,得到 EOSS 对目标的整体覆盖性能。对 EOSS 而言,其仿真是一项较费时的工作,随着问题规模的扩大(卫星数目的增加或目标面积的变大),其仿真时间呈指数增长。而仿真方法的计算精度和计算效率在很大程度上依赖于对目标区域的划分策略和划分精度,划分粒度越小,计算精度越高,相应的计算时间也越长,反之则计算精度较差。因此,即使采用仿真的方法计算 EOSS 覆盖性能也是一个比较复杂的过程,涉及大量的统计计算。

另外,EOSS 覆盖性能计算的复杂性还体现为系统的不确定性:在进行覆盖计算时,并非只考虑卫星与目标即可,EOSS 对目标的覆盖将在很大程度上受到天气等外界条件的影响,自然环境及其变化过程,如云层浮动、降雨、下雪、降雾、烟尘散布等,无论时间和分布都具有极大的不确知性,这使得对地观测过程又多了一层不确定性,同时也加大了计算的复杂性。

综上,EOSS 顶层设计参数优化问题是一个非常复杂的优化问题,表现为:设计参数多、设计空间大、参数取值差异较大、系统性能指标难以通过解析的方式量化、系统仿真耗时、系统性能函数具有非线性和多峰的特点。这些特性决定了 OTDP 问题不能直接采用现有的优化方法进行求解。

2.2 OTDP 问题求解思路

EOSS 顶层设计参数优化问题不存在像函数优化那样的直接求解方法,一般思路是将问题分解,各个求解之后再进行综合,如多学科设计优化(Multi-disciplinary design optimization,MDO),或者通过仿真、试验的方式对系统进行优化,如仿真优化、试验优化。但通过前面的分析知 MDO 并不适合于本书的问题,因此只能尝试采用仿真或试验的方式进行求解。

2.2.1 仿真优化方法

近年来,工程系统出现了复杂化、大型化的趋势,出于对安全性和经济性的考虑,计算机仿真技术被广泛应用于工程系统的优化设计中,仿真与系统优化不断结合,进而形成了基于仿真的优化方法(Simulation Based Optimization,SBO),简称为仿真优化,并被广泛用于供应链和物流系统、制造系统及社会经济系统的优化设计中,同时也是航空航天领域中应用非常广泛的一种方法。SBO 是仿真技术与优化技术相结合的一种优化方法,也是当前应用最为广泛的一种方法,尤其对于那些设计变量多、结构复杂、内部交互作用较多、运行成本高的系统。

仿真优化并不关心系统内部的机理、机制,它只关心系统的输入以及对应的输出,其实质是将实际系统抽象为一个黑箱(Black Box),如图 2.1(a)所示,然后通过对输入输出数据的分析,来寻找较优的配置方案实现对黑箱系统的优化,仿真优化就是对这种黑箱优化过程的实现。

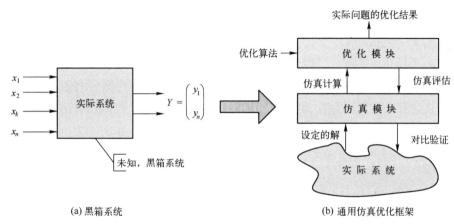

(a)黑箱系统　　　　　　　　　　(b)通用仿真优化框架

图 2.1　仿真优化的基本思想

SBO 的基本原理:首先建立实际系统的仿真模型,优化算法产生系统的初始参数,并将其输入仿真模型,将仿真模型得到的输出作为评价指标返回给优化算法;再由优化算法进行评估,通过进化搜索,给出更优的性能参数或者决策变量,将此性能参数作为仿真模型新的输入再进行仿真运行,评估结果,不断重复以上过程,直到满足一定的停止准则,从而得出系统性能优化参数[45],具体如图 2.1(b)所示。

SBO 中仿真是手段,优化是目的。基于这一思想,按照仿真在 SBO 方法中所起作用的不同,将 SBO 方法分为三类[46]:

(1) 使用仿真来进行策略验证:主要适用于数学模型难以表达、解空间为一组候选的策略集,且候选解的数目不多的情况。此类优化实质上是一种枚举的方法,具体做法是将候选策略集中的策略逐一仿真,然后比较仿真结果,根据输出结果来确定最优的策略。

（2）将仿真的输出作为优化算法中的评价值：适用于评价值函数无法表达的优化问题，即将仿真模块嵌入优化算法中，将仿真模块的输出作为算法的评价值，用于指导优化算法搜索新的解，所产生的新解又作为下一次仿真的输入，直到仿真模型的输出满足终止条件。

（3）使用仿真方法来获取优化算法中用解析方法无法得到的参数或函数：仿真是描述随机性问题的有效方法，因此对于带有随机性的优化问题，用仿真方法求取其中的随机参数或带有随机变量的函数比较有效，与前面所述的仿真输出评价值的方法不同之处在于不必对整个问题的流程进行仿真，而只对所需的参数或函数涉及的部分仿真即可，其仿真结果也不是用于评价解的优劣，而是为优化模块提供必要的随机参数或函数的信息，使优化方法能运行下去。

对 EOSS 顶层设计参数优化问题而言，我们需要利用仿真模型给出的解的评价指标来指导解的搜索过程，因此仿真在优化过程中所起到的作用即为解的性能评价函数。而且在优化过程中需要生成多种输入参数组合，然后利用仿真模型、结合优化算法，寻找使输出响应不断改进的解，最终从设计空间中找到一组输入组合，使得输出结果为最优解或满意解。基于此，我们构建如图 2.2 所示的 EOSS

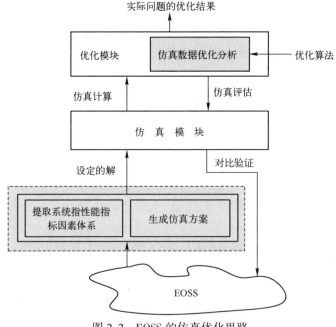

图 2.2　EOSS 的仿真优化思路

仿真优化框架,通过图 2.2 可以发现,若采用仿真优化的方法求解对地观测卫星系统 OTDP 问题,需要首先解决图中深色框所标示的关键问题。

2.2.2　试验优化方法

针对 EOSS 顶层设计参数优化问题,除了仿真优化,试验优化也是一种有效的求解思路。按数学模型是否可计算或已知,最优化可分为两类:一是可计算最优化,即数学模型是已知的,可以计算;二是试验性最优化,即数学模型是未知的或其函数值是不可计算的,只能通过试验进行验证[47]。试验优化(Experimental Optimization)就是在最优化思想的指导下,通过广义试验(物理试验、计算机试验)进行优化设计的一种方法,它从不同的优良性出发,合理设计试验方案,有效控制试验干扰,科学处理试验数据,全面进行优化分析,直接实现优化目标,已成为现代优化技术的一个重要方面。

试验设计有广义与狭义之分,所谓狭义试验设计只是试验方案的生成,即根据试验因素及其取值水平,生成最能代表系统特性的因子组合[48];而广义试验设计是一种方法论,它将最优化思想贯穿于试验的全部过程,涵盖数理统计、优化算法等各个方面,包括试验方案生成、试验数据采集、试验数据分析优化等,因此又被称为试验优化。

试验优化的基本程式:一设计、二分析。设计就是试验方案的设计,即狭义试验设计,包括很多成熟的方法,如正交设计、均匀设计等,试验设计生成的试验方案定义了试验次数、试验参数的组合和各个因素的取值水平;而分析主要是试验结果的处理或试验数据的分析,通过试验结果可以分析各个变量对系统性能指标的影响,也可以对系统的性能进行估计,另外,分析也包括对方案设计的最优化分析。图 2.3 给出了试验优化的基本框架,它实际上是对 Roy[49] 试验优化框架的扩展。

1. 头脑风暴(Brain Storm)

这是试验设计的第一步,也是最基本的一步:确定需要试验的参数以及各参数的取值水平。更准确地讲,通过头脑风暴来确定问题的设计空间,同时定义系统优化的指标。头脑风暴,实际上是对问题进行分析、消化的过程,一般都要借助于专家经验和历史知识来实现。

对 EOSS 优化问题而言,它涉及许多选择的权衡,诸如可供选用的运载工具、覆盖、有效载荷性能、通信链路以及政治或技术的约束或限制因素,需要结合具体问题进行分析。以圆轨道上光学卫星的地面覆盖为例,影响其覆盖的因

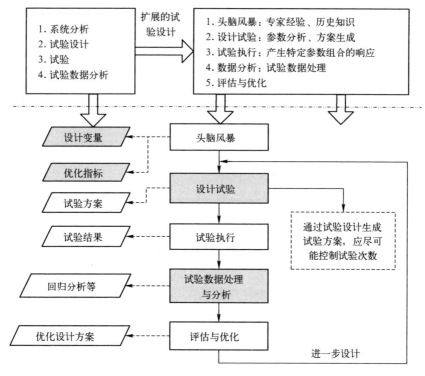

图 2.3　试验优化基本框架

素大致分为两类:轨道和载荷。根据轨道动力学的知识,圆轨道离心率为 0,需要确定的变量为轨道高度、轨道倾角和升交点赤经,而对光学相机而言,其覆盖性能则取决于线像素、焦距和相机视场角[50]。

2. 设计试验(Design Experiments)

对很多实际问题,全面试验是不现实的。尤其对于那些周期长、成本昂贵、风险高的试验,如育种试验、工业配料试验、核试验等。设计试验的主要目的是通过选择有代表性的试验因子组合来控制试验的次数,进而控制试验成本。设计试验实质上通过狭义试验设计实现,具体可以通过套用现有的正交表、均匀设计表实现,也可根据实际的因子数 k、因子水平数 n,构造 $n \times k$ 的试验方案。这些方案一般以矩阵的形式表达,矩阵的每列表示一个仿真变量及其可能的取值,矩阵的行表示一种参数组合,代表设计空间中的一个点,即一组试验。为了尽可能减少试验次数,我们需要控制仿真点的分布,保证仿真点均匀分布于整个设计空间,同时各个仿真点之间互相独立。

对 EOSS 顶层参数优化,其设计变量较多,而且变量的取值范围差异较大,因此在对其进行设计试验时,应尽量选择试验次数较少、试验点分布均匀的设计方法,保证以较少的试验获取尽可能多的系统信息。

3. 试验执行(Execute Experiments)

试验执行就是执行上一步中生成的试验方案,这里的试验比较宽泛:可以是无实物的计算机仿真,也可以是实验室试验或者生产试验等。通过试验得到不同因子组合对应的目标值,进而组成多组输入输出对。这些数据对将作为系统分析的基础,提供了对目标系统性能的预测和估计。

在进行 EOSS 顶层设计参数的优化时,其试验是通过专业仿真软件 STK 进行的,我们的目的是测试不同的顶层参数配置对 EOSS 覆盖性能的影响,因此需要根据试验方案生成多个场景进行仿真。

4. 试验数据分析(Data Analysis)

试验是手段,试验数据处理才是试验优化的核心和关键,再好的设计,如果没有好的数据分析方法,也很难达到试验优化的目标。与仿真优化类似,试验优化也将所研究的系统抽象为一个"黑箱",试验数据处理就是通过分析"黑箱"模型输入输出间的关系,来预测和模拟"黑箱"的性能和内部机理。较常用的分析方法包括回归分析、响应面分析,它们被用于拟合试验数据,模拟试验系统;另外,极差分析和方差分析也是较常用的分析方法,通过这两种分析可以从诸多试验因素中寻找主要影响因素,并可依照因素对目标响应的影响程度对这些因素进行排序。除此之外,代理模型也可以用来进行试验数据分析,它建立在仿真数据的基础上,由仿真的参数组合以及组合所对应的系统响应决定。通过代理模型既可以进行简单的数学计算,利用一些统计信息对试验本身进行分析;也可构建复杂的近似模型,用以计算问题的最优解。

5. 评估及优化(Evaluation and Optimization)

通过代理模型可以得到问题的一个优化解,而这个解基本上不会出现在测试方案中,因此需要通过试验来确定解的合理性,这个过程被称作评估。经过评估后,如果当前解不能满足精度要求,则需要调整系统参数进行新一轮的仿真与优化,直到所得的解能满足问题精度要求为止。

通过分析图 2.3 的优化流程发现,若采用试验优化方法,还有多个问题需要解决,具体包括试验因素和试验指标的选择、试验设计以及试验数据处理。

2.2.3　存在的问题和解决思路

通过上述分析,无论仿真优化还是试验优化都不能直接用于求解 EOSS 顶层设计参数优化问题。同时,我们发现仿真是进行 EOSS 顶层设计参数优化的基本手段,这取决于系统结构的复杂性、任务的不确定性、设计空间的多样性、性能指标的难量化性等。

为了求解 EOSS 顶层设计参数优化问题,我们需要解决以下问题:

1. EOSS 性能指标的确定

当前有很多种关于 EOSS 性能的测度,如过顶次数、重访时间等,但这些指标不能够有效反映 EOSS 系统的整体性能,因此在优化之前需要首先构建 EOSS 的性能指标,这些指标必须具有较好的可量化性和易计算性。

2. 影响 EOSS 性能的系统因素确定

进行仿真之前,需要首先确定仿真的输入变量,即需要明确与输出指标相关的系统因素。EOSS 是一个复杂系统,其性能影响因素有多个,而且随着卫星数目的增加,系统变量、仿真时间等都将线性增加。因此,如何选择系统的关键性能因素、剔除相关性较小的变量、缩减问题规模,是提高仿真效率的有效手段。

3. 仿真方案的生成

EOSS 的设计变量较多,而且多为连续变量,变量的取值范围变化较大,因而可能的输入参数组合有无数种。本书的 EOSS 优化将采用点数值仿真,单次仿真需要较长的时间,优化时必须严格控制仿真次数,否则将导致严重的仿真时间,因此如何在众多的参数组合中选取有代表性的点,如何安排仿真方案才能通过尽可能少的仿真实现对问题空间的探析,这也是 EOSS 优化需要解决的问题。

4. EOSS 仿真平台的构建

尽管当前已经有比较成熟、通用的卫星仿真软件 STK(Satellite Tool Kit),但该软件不能直接用于对地观测卫星系统 OTDP 问题的仿真求解,表现为不能自动加载仿真方案,仿真输出的数据不符合性能指标定义。因此,需要在 STK 基础上开发一些外围的处理工具。

5. 仿真数据的处理

仿真只是我们进行优化的手段,仿真数据处理才是真正实现系统优化的关键。通过仿真,我们可以得到一系列的输入输出组合,如何通过这些有限的数据组合挖掘尽可能多的系统信息,最终实现对系统的优化,得到较优的系统参数配置组合,这将是仿真数据处理需要解决的问题,也是本书着力研究的内容之一。

针对上述问题,本书在分析和综合仿真优化、试验优化方法的基础上,提出了如图 2.4 所示的求解思路:我们首先需要构建 EOSS 性能指标体系,分析影响 EOSS 性能的关键因素,然后根据具体指标和因素生成仿真方案并仿真,最后通

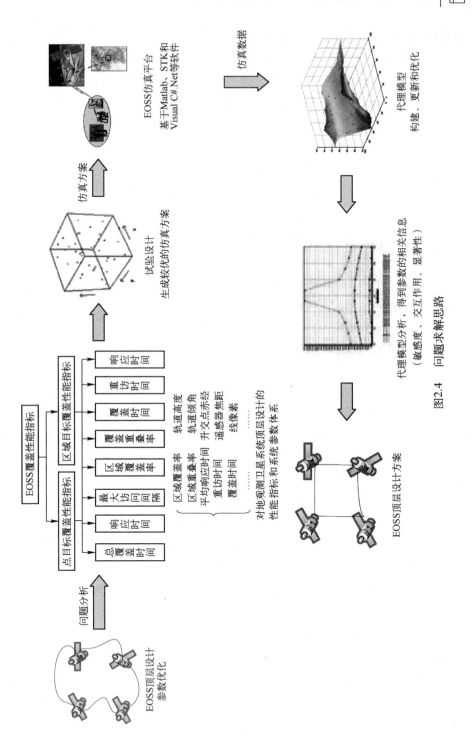

图2.4　问题求解思路

过对仿真数据的拟合分析得到优化的解。

通过上述思路，我们可以看出它是对仿真优化方法和试验优化方法的一个综合与集成，之所以采取这种方式是因为：EOSS 顶层设计参数优化问题的设计变量非常多，这些变量对优化指标的影响程度均不一样，为了提高优化的效率我们应该偏重于考虑那些影响显著的因素，剔除影响较小的因素，缩小问题的规模，而这正是试验优化所能够处理的；试验优化方法多通过回归分析对试验数据进行处理，而 EOSS 优化问题很明显是高维、非线性的优化，仅靠回归分析显然是不够的，因而需要借鉴仿真优化的数据处理方法。

2.3　基于试验设计和代理模型的 OTDP 求解方法

根据上一节的求解思路，结合 EOSS 顶层设计参数优化问题的特点，我们对上述求解思路做了进一步的细化，提出了基于综合拉丁方试验设计和 Kriging 代理模型的 OTDP 求解方法。

2.3.1　OTDP 问题求解方法

EOSS 结构的复杂性导致其顶层设计参数优化问题的空间非常大，涉及较多的设计变量和约束，仿真不可能针对每种参数组合进行，需要通过试验设计的方式选择能够代表问题特性的参数组合；另外，由于仿真次数的限制，EOSS 仿真所产生的仿真数据有限，如何通过有限的仿真数据对系统性能进行预测和优化，也是我们需要解决的问题。因此，在上节所提求解思路基础上，结合问题的实际特性，我们对 2.2.3 节的思路进行了细化，并构建了基于综合拉丁方试验设计和 Kriging 代理模型的求解框架[51]，具体如图 2.5 所示。

该框架包括上下两个部分。上半部分为一个通用的优化框架，包括试验设计、仿真和仿真数据处理三个部分，其中试验设计用于生成仿真方案，保证仿真点均匀分布在整个问题空间，且每个仿真点都具有较好的代表性；仿真是根据仿真方案给出不同参数组合的系统响应，在优化过程中仿真还将被用作适应度函数，评估生成解的优劣；数据处理过程对应为问题的求解过程，即通过分析输入输出数据之间的关系，寻找最佳的输入组合，实现对实际系统的优化。

在通用框架基础上，我们对框架进行了细化：在仿真方案设计阶段采用综合拉丁方试验设计方法，它可以考虑试验点选择的合理性以及试验次数的限制，因为综合拉丁方试验设计在生成拉丁方矩阵的过程中考虑了矩阵的正交性

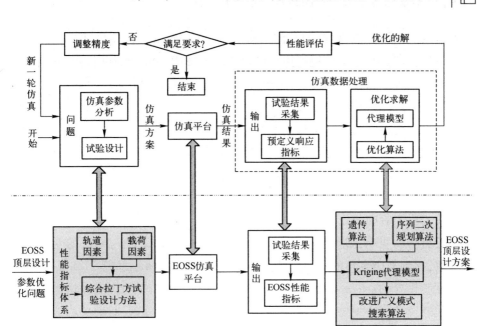

图 2.5　EOSS 优化框架

和均匀性,通过正交性控制可以保证试验点的典型性,通过均匀性控制可以实现试验点在设计空间中分布的均匀性,我们将在第 4 章中详细论述方法的实现过程;对地观测卫星系统的数值仿真主要通过一个集成仿真平台实现,该平台集成了 Matlab、Visual C#. Net、STK 等多个软件平台,具体将在第 6 章中进行论述;仿真数据的处理和优化是该框架的核心,本书将采用 Kriging 代理模型对卫星系统进行近似,在代理模型的更新过程中,采用遗传算法对模型进行搜索,寻找模型的全局最优点,同时采用改进的广义模式搜索算法对模型局部寻优,以保证代理模型插入点的合理性,具体将在第 5 章进行论述。对于得到的解,通过对地观测卫星系统性能评估函数进行评估,如果满足系统要求则仿真结束,所求解即为系统要求的解,如果不满足则调整模型精度,进行新一轮的仿真。

下面将对 EOSS 顶层设计参数优化框架中的两个关键技术:试验设计(Design of Experiment,DOE)和代理模型(Surrogate Model)进行详细论述。

2.3.2　关键技术评述

EOSS 顶层参数优化问题设计变量多、结构复杂,导致难以用简单的试验对它们进行模拟,而且其解空间呈现高维、非线性的特点。仿真优化采用代理模型对仿真数据进行拟合,使问题的求解更加精确,而试验优化中的试验设计方法可以用到仿真优化中以提高仿真优化的求解效率,基于此我们将对试验设计和代理模型进行重点论述,这将是进行 EOSS 优化的基础。

2.3.2.1 试验设计方法

通过人为控制的试验来探索事物的发展规律,这是广泛应用于科学研究和技术改进的一个重要手段。试验手段常被用于考察某个特定的系统或过程。一般来说,一个系统或过程的特征可用一个或多个变量来描述,这些变量随着诸多因素的变动而变动。通常把引起系统特征变化的输入变量称为因子,把系统的输出称为响应。设计、实施一个试验,就是对某些可人为控制的因子作一系列有目的的变动,观察相应的响应,然后研究因子的变动与响应的变动之间的关系,得到与研究目的有关的结论,这是试验设计的核心思想[52]。

试验设计(Design of Experiment,DOE)是数理统计学的应用方法之一。一般的数理统计方法主要是对已经获得的数据资料进行分析,对所关心的问题做出尽可能精确的判断。试验设计则是研究如何合理而有效地获得数据资料的方法,它的主要内容是讨论如何合理地安排试验、取得数据,然后进行综合的科学分析,从而达到尽快获得最优方案的目的[53]。DOE 由英国生物统计学家、数学家 Fisher 于 20 世纪 20 年代提出,开始主要应用于农业、生物学、遗传学方面,并取得了丰硕成果。Fisher 把这种方法定名为"试验设计",并出版了专著《试验设计》,从而开创了一门新的应用技术科学[54],表 2.1 列出了试验设计方法的发展概况。

表 2.1 试验设计发展简史

时　　间	主　要　进　展
1920 年	英国人 Fisher 提出试验设计
1930—1940 年	英、美将其逐步推广到生产
1940 年	G. E. P. BOX 系统地提出因子设计法 Box-Behnken
1945 年	田口玄一提出正交试验设计法
1951 年	BOX 提出响应面分析 (Response Surface Methodology,RSM)
1960 年	华罗庚教授提出优选法
1962 年	田口玄一撰写的《试验设计法》出版
1960—1970 年	田口玄一提出信噪比设计与三阶段设计
1978 年	Box-Behnken 出版 DOE 权威著作《Statistics for Experiment》

（续）

时　　间	主　要　进　展
1979 年	方开泰和王元提出均匀设计法
1979 年	McKay，Beckman 和 Conove 提出拉丁方试验设计法
1987 年	Box-Behnken 与他人合著《试验设计与分析及参数优化》
至今	研究者不断地对这些方法进行改进，现在拉丁方设计、正交设计已变成研究的热点，而且被广泛应用于国民经济的各部门

当前应用比较广泛的几种试验设计方法是正交设计、均匀设计和拉丁方设计，它们与传统试验设计的区别在于：所有样本点都是可重复试验的，而且它们并不要求试验参数的取值服从均匀分布[55]。下面将分别对它们进行介绍。

1）正交设计

正交设计（Orthogonal Design，OD）出现于第二次世界大战后，1949 年以日本学者田口玄一为首的一批研究人员在研究电话通信系统的质量时，发现了之前方法的不足，创造了正交试验设计方法[56,57]，并在日本得到了迅速推广。1979 年，田口玄一将信噪比设计和正交设计、方差设计相结合，引入了三次设计，目的是为了消除误差因素对产品性能的影响，又称为"田口设计"[58]。

正交设计是基于正交表（Orthogonal Array，OA）的设计，所谓正交表是一种特制的表格，通用的表达方式为 $O_n(m^k)$，其中 O 表示正交表，n 表示安排试验的次数，k 表示试验中所考虑的因素数，m 则为每个因素的取值水平数。正交表具有两条重要的性质：

➤ 各因素不同取值水平的试验次数相等，即每列中不同数字（$1\cdots m$）出现的次数相等；

➤ 不同元素取值水平的组合出现次数相等，即任意两列中，将同一行的两个数字看成有序数对时，每种数对出现次数是相等的。

一直以来，许多组合数学家和统计学家致力于正交表的构造，这些方法主要包括：用 Hadmard 矩阵构造、用群论构造、用有限域构造、用编码构造、用有限几何构造等[59]。尽管正交表有许多优美的构造方法，但是怎样为实际应用构造特定的正交表仍然是一个很困难的问题。换言之，许多正交表很难构造，甚至不知道其存在性。而且正交设计对设计变量、变量的取值水平有严格的要求，因此在实际应用中有很多的局限性。但近年来，正交设计通过与其他方法结合，取得了很多意想不到的成果，如用正交设计生成遗传算法的初始种群，生成的正交遗传算法可以更快更好地求得优化解[60,61],正交设计与拉丁方设计生成的正交拉丁方[62]被用于复杂系统仿真,可以使仿真点的选取更加合理。另外,正交设计被广泛用于工程优化设计[56,63]、电子、冶金等领域。

2) 均匀设计

1979 年,为了解决导弹试验 5 因素 31 水平并且试验次数要少于 50 次的实际问题,我国学者方开泰和王元,苦思三个多月,创造性地提出了"均匀设计"(Uniform Design,UD),成功地解决了世界级难题[64]。均匀设计方法是基于试验点在整个试验范围内均匀散布的,从均匀性角度出发的一种试验设计方法,是数论中"伪蒙特卡洛方法"的一个应用。

在上述研究基础上,方开泰和马长兴提出改进的好格子点法[65],后又提出了由正交表扩充法构造的均匀设计表[66];2003 年方开泰和覃红提出折迭设计的均匀设计[67],并证明了这种方法构造的均匀设计表有很好的均匀性;方开泰、Winke[68]采用门限接受法,以星偏差为均匀性度量,构造了一批均匀设计表;后来方开泰、马长兴以中心化偏差 CL_2 和可卷偏差为均匀性度量,又获得了许多均匀设计表[69,70]。这些构造方法具有一定的局限性,例如用好格子点法生成的 $U_n(q^s)$,s 不能超过 $[\phi(n)+1]/2$,改进好格子点法中 n 不能超过 $[\phi(n+1)+1]/2(\phi(n)$ 为整数 n 对应的欧拉数);用拉丁方法来构造均匀设计表,计算量比好格子点法大,但可以构造一切 $s \leqslant n$ 的表;用正交扩充法构造均匀设计表,不仅可以构造等水平的,还可以构造混合水平的表,但这些表的列数不能超过起始正交表的列数。

与正交设计类似,均匀设计也是基于已有均匀表进行设计的,因此均匀表在结构上也受到限制。有多个测度可以用来描述均匀性[71],根据不同的均匀性指标得到的设计方案将不同,通过均匀设计得到的试验方案中试验次数较少,而且均匀设计可被用于构造超饱和设计[72](试验次数小于试验因素数 $n<k$)。目前,均匀设计的均匀性指标也被用于拉丁方设计中,以保证试验方案中所包含的仿真点均匀分布在整个问题空间上。

3) 拉丁方设计

几乎与均匀设计同时,北美三位学者 McKay,Beckman 和 Conover 在液体流问题中提出了拉丁超立方设计方法(Latin Hypercube Sampling,LHS)[73],简称为拉丁方设计。相比正交设计和均匀设计,拉丁方设计是被学者们研究最多、改进最多的,因为它对试验因素数、因素水平数的限制比较小。拉丁方设计由于其构造简单、适应性广且所需试验次数较少,已被广泛应用于复杂系统仿真[74,75]、航空航天等领域,其相关研究具体将在第 4 章进行论述。

相比正交设计,均匀设计和拉丁方设计可以大大降低试验次数,因此这两种方法得到了广泛的应用,而且 LHS 和 UD 有异曲同工之处[71,76],表现为:

> 二者均将试验点均匀地散布于输入参数空间,故在文献中广泛使用术语"充满空间的设计"(Space-filling Design),LHS 给出的试验点带有随机性,故称为抽样;而 UD 是通过均匀设计表来安排试验,不具随机性;

> 两种方法的最初理论均来自"总均值模型"(Overall Mean Model),LHS 希望试验点对输出变量的总均值提供一个无偏估值,且方差较小,而 UD 是希望试验点能给出输出变量总均值离实际总均值的偏差最小;

> 两种设计均基于 U 型设计,又称为均衡设计(Balanced Design)或好格子点设计(Lattice Design);

> 两种设计能应用于多种多样的模型,且对模型的变化有稳健性。

后来的学者对均匀设计和拉丁方设计的理论做了进一步系统的完善,目前有关这方面的研究仍是数理统计学界的热点,尤其多因素、多水平的混合水平设计和超饱和设计[77]。另外,也出现了混合的设计方法如正交拉丁方、均匀拉丁方等。当然也还有很多其他比较常用的设计方法如析因设计、中心复合设计等,这里不再详细介绍,表 2.2 简单列出了不同试验设计方法的基本思想。

表 2.2　不同试验设计方法比较

方　　法	主　要　思　想
完全析因设计	把试验因子的各个水平进行完全的组合,完全析因试验设计点数目是每个因子数目的乘积
分式析因设计	完全析因试验设计的一部分
中心复合设计	中心复合设计是两水平因素试验设计基础上增加中心点 n_0,以及每个因素增加两个位于各因素的 $\pm\alpha$ 处的"星"点的试验设计方法
Box-Behnken 试验设计	Box-Behnken 设计由 2^k 全因素因子设计和不完全积木设计组合而成
正交设计	使用标准化的正交表来研究与处理多因子、多水平的试验,正交表要求:一是在任何一列中各水平都出现,且出现的次数相等;二是任意两列之间各种水平的所有可能组合都出现,且出现次数相等
均匀设计	均匀试验设计将试验点在高维空间内充分均匀分散,使数据具有更好的代表性,要求试验因子的每个水平在试验因子空间中都出现,且仅出现相等次数
拉丁方设计	拉丁方设计是将因素按水平竖排成一个随机方阵,在同一行或同一列中任何因素的水平上均无重复,而且它要求必须是因素同水平的试验,任意两个因素之间无相互作用

总之,试验设计方法发展到今天,其应用范围在不断扩大,从技术领域到非技术领域,其理论水平也在不断上升,从二水平、三水平的简单设计到现如今混合水平的超饱和设计,都显示出强大的生命力和应用价值,推广和普及试验设计方法会对我国的经济发展起到很大的作用。

正交设计、均匀设计和拉丁方设计是当前使用比较广泛的方法,其中正交设计和均匀设计可通过查正交表或均匀设计表得到,它们对试验因素数、因素的取值水平数都有较大的限制,尤其正交表的构造非常困难,很多正交表的存在与否都未可知。相比前两种方法,拉丁方设计则灵活得多,通过与智能优化算法的结合,它可以生成自定义的设计方案,因此本书将采用拉丁方试验设计方法生成 EOSS 仿真方案,具体将在第 4 章论述。

2.3.2.2　代理模型

代理模型(Surrogate Model)也称元模型(Metamodel),即通过对仿真模型所产生的数据进行拟合而得到的新的、简化的、近似的数学模型,用它代替或部分代替仿真模型来对实际系统进行模拟分析,能在满足精度要求的条件下,大幅度降低计算的开销,提高仿真的效率,因而代理模型也被称作“模型的模型”。代理模型可以充分利用仿真模型的试验数据,较好地反映仿真模型的 I/O 关系及内部机理,根据代理模型决策者不仅能快速地获得数据支持,而且能够较容易地理解系统行为,基于此我们将对 EOSS 的仿真数据进行分析。

代理模型的构建由仿真实验、模型拟合和模型评估与验证三大部分组成,涉及仿真实验设计方法选择、代理模型类型与形式的选择、代理模型的评估与验证策略确定。如果把仿真系统看作“黑箱”系统,那么代理模型的拟合就是数学上的数据拟合,因此在代理模型的生成过程中,代理模型拟合方法是关键,代理模型类型与形式的选择也成为代理模型应用中遇到的难点问题之一。

从广义的角度来说,数学上数据拟合方法理论上都可以用于代理模型拟合,除传统的多项式回归分析[78]、径向基函数法[79]、Kriging 法[80]等,近 20 多年来发展起来的神经网络[81]、支持向量机[82]等方法都可以用于数据拟合。下面将对这些代理模型进行介绍,并对代理模型的应用进行简短的综述。

1)多项式模型即响应面模型

采用多项式回归技术对试验数据进行最小二乘拟合,求出待定系数,从而确定近似模型。响应面的数学表达形式如下:

$$Y = b_0 + \sum_{i=1}^{k} b_i x_i + \sum_{i=1}^{k} b_{ii} x_i^2 + \sum_{1 \leq i < j \leq k}^{k} b_{ij} x_i x_j \qquad (2.1)$$

等式中，Y 为响应结果，x_i 表示设计变量，b_i 表示多项式系数，k 为多项式元数，交叉项表示两个因素的交叉作用，平方项表示模型具有二阶非线性[83]，可根据样本点的数据采用最小二乘法确定。由式(2.1)不难看出，响应面有 N 个待定系数($N=(k+1)(k+2)/2$)，故需要至少 N 个样本点，将式(2.1)用如下多项式表示：

$$y = a_0 + a_1 p_1 + \cdots + a_u p_u \tag{2.2}$$

其中，$u=(k+1)(k+2)/2$，系数向量 $\boldsymbol{a}$ 与式(2.1)系数向量 $\boldsymbol{\beta}$ 等价，向量 $\boldsymbol{p}$ 则分别对应其设计变量一次项、交叉项和平方项。

当设计变量样本点矩阵 $\boldsymbol{X}_s$ 对应数据矩阵 $\boldsymbol{P}$ 的秩不小于 U 时，$\boldsymbol{P}^{\mathrm{T}}\boldsymbol{P}$ 为非奇异矩阵，采用多元线性回归方法得到 a 的最小二乘估计为 $\hat{a}=(\boldsymbol{P}^{\mathrm{T}}\boldsymbol{P})^{-1}\boldsymbol{P}^{\mathrm{T}}Y_s$，其中，$\hat{a}=[a_0 \quad a_1 \quad \cdots \quad a_u]^{\mathrm{T}}$，$Y_s$ 为样本点响应值，由此可以得出响应面各项系数。

$$P = \begin{bmatrix} 1 & x_{S1}^1 & x_{S1}^2 & \cdots & x_{S1}^k & x_{S1}^1 x_{S1}^2 & x_{S1}^1 x_{S1}^3 & \cdots & x_{S1}^{k-1} x_{S1}^k & (x_{S1}^1)^2 & (x_{S1}^2)^2 & \cdots & (x_{S1}^k)^2 \\ 1 & x_{S2}^1 & x_{S2}^2 & \cdots & x_{S2}^k & x_{S2}^1 x_{S2}^2 & x_{S2}^1 x_{S2}^3 & \cdots & x_{S2}^{k-1} x_{S2}^k & (x_{S2}^1)^2 & (x_{S2}^2)^2 & \cdots & (x_{S2}^k)^2 \\ \vdots & \vdots & \vdots & & \vdots & \vdots & \vdots & & \vdots & \vdots & \vdots & & \vdots \\ 1 & x_{SN}^1 & x_{SN}^2 & \cdots & x_{SN}^k & x_{SN}^1 x_{SN}^2 & x_{SN}^1 x_{SN}^3 & \cdots & x_{SN}^{k-1} x_{SN}^k & (x_{SN}^1)^2 & (x_{SN}^1)^2 & \cdots & (x_{SN}^1)^2 \end{bmatrix}_{N \times P} \tag{2.3}$$

2) 神经网络代理模型

神经网络是一个大型的平行计算系统，由大量非线性、互相联系的处理单元构成，神经网络的预测能力在于对训练数据的学习和拟合，网络的训练将一直继续，直到误差目标实现或者神经元达到最大数目。人工神经网络(Artificial Neural Networks, ANN)是由大量处理单元组成的网络，它模仿人类智能，在网络模型内部利用反馈机制进行隐式推理，寻找相互关联事物之间的关系。由于神经网络的特点，基于神经网络的代理模型拟合精度很高，但是它需要很多的训练样本和很长的计算时间[84]。

这种代理模型具有固有的非线性特性，并且能够解决那些数学模型或描述规则难以处理的问题。Sobieszczanski-Sobieski 等提出的 BLISS 优化过程是一种基于分解的两级 MDO 优化过程，在系统级优化中，为了降低总的计算量，采用神经网络技术来构造近似模型[85]。在飞机翼型设计、超声速商用喷气机总体设计、单级入轨可重复使用运载器总体设计、油轮总体概念设计等设计优化问题中得到了应用，并取得了良好的优化效果。

3）径向基函数代理模型

径向基函数（Radial Basis Function, RBF）是一类以样本点与待测点之间的欧氏距离为自变量的函数,通过线性叠加径向函数构造出来的模型即为径向基函数模型[86-88]。径向基函数代理模型的基本思想是给定一组样本点 x_k,$(k=1,\cdots,n)$,以样本点为中心,以径向函数为基函数,通过对基函数的线性叠加来计算代测点 x 处的响应值。

径向基函数模型的基本形式为

$$f(x) = \sum_{i=1}^{n} \omega_i \phi(r_i) = \omega(x)\phi(r) \qquad (2.4)$$

其中,$\omega(x)=[\omega_1,\cdots,\omega_n]^T$,$\phi(r)=[\phi(r_1),\cdots,\phi(r_n)]^T$,$\omega(x)$ 和 $\phi(r)$ 分别代表权函数和径向函数,$r_i=\|x-x_k\|$ 为待测点 x 和 x_k 之间的欧氏距离,并且:

$$f(x_i) = y_i(i=1,\cdots,n) \qquad (2.5)$$

代入式(2.4)得

$$[\phi(\|x_i-x_j\|)]\omega = Y \qquad (2.6)$$

$Y=[y_i,\cdots,y_n]$,$(i,j=1,\cdots,n)$,当 x 向量线性无关且 $[\phi(r_i)]$ 正定时,上式存在唯一解:

$$\omega = [\phi(\|x_i-x_j\|)]^{-1}Y \qquad (2.7)$$

因此,确定径向基函数模型只需明确 $\phi(r)$,常用的径向基函数如表 2.3 所示。

表 2.3　常用径向基函数

名　称	$\phi(r)$
bi-harmonic	x
tri-harmonic	x^3
gaussian	$\exp(-cx^2)$
multiquadric	$(x^2+c^2)^{1/2}$
inv-multiquadric	$(x^2+c^2)^{-1/2}$
thinplatespline	$x^2\log(x)$

除上述 3 种模型外,Kriging 代理模型也是较常用的,也是本书所采用的主要方法,具体将在第 5 章进行论述。

4）代理模型及其应用

Nestor[89]将代理模型的构建划分为 4 个步骤:试验设计、对所选择的点进行数值仿真、代理模型构建(包括模型选择和鉴定)、模型评估,并将代理模型 f 分为两部分:估计模型±误差模型,前者 $\hat{f}$ 是对目标函数的估计,后者 ε 是对相关误差的预测,即 $f_p(x)=\hat{f}(x)\pm\varepsilon(x)$,如图 2.6 所示。

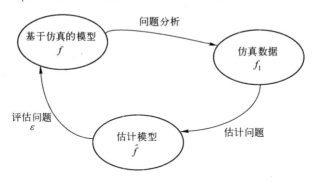

图 2.6　代理模型的分解

Kleijnen 等[90]提出了开发元模型的工程化方法,并分析讨论了代理模型、仿真模型以及实际系统之间的关系,如图 2.7 所示。同时把代理模型建模过程规范为 10 个步骤:①确定代理模型的目标;②确定输入变量以及它们的特性;③确定输入变量的取值范围;④确定输出变量及其特性;⑤确定代理模型的精度;⑥确定代理模型的有效性度量;⑦选择代理模型的类型和形式;⑧确定试验方案;⑨拟合代理模型;⑩代理模型有效性评估。

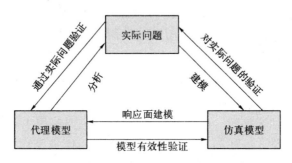

图 2.7　实际问题、仿真模型、代理模型之间的关系

Alexander[82]针对航空设计评估中所需要的长时间仿真计算,提出了对代理模型全局优化的需求,并在此基础上对代理模型的构建、应用等相关研究进行了综述,包括不同代理模型的构建方法。Wang[91]将代理模型在工程设计优化中的应用概括为 7 个方面,如图 2.8 所示,并指出代理模型在复杂系统优化

中可以缓解计算压力和简化分析过程。

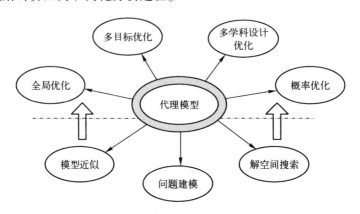

图 2.8　代理模型在工程优化中的应用

李建平[92]提出了带误差补偿的组合元模型方法,即先利用仿真 I/O 数据,选取简明性与透明性较好的元模型类型与形式,拟合一个元模型 M_0,提取数据趋势后得到拟合误差(残差)数据;然后选取对非线性数据具有较高拟合精度的元模型(如径向基函数模型、Kriging 元模型或支持向量回归元模型)对残差数据进行拟合得到另一个元模型 M_1,最后将 M_1 加到第一个元模型上进行误差补偿,得到带误差补偿的组合元模型 M_0+M_1,并将这种模型用在资源分配优化分析中。

高月华[93]针对注塑成型对减小注塑制品翘曲的要求,采用基于 Kriging 代理模型的优化设计方法,建立了注塑工艺和制件几何壁厚的优化模型,结合多点加点准则实施了减小翘曲的序列近似优化设计,有效地减小了制品的翘曲变形,同时分析了工艺参数以及材料参数对制件翘曲变形的影响。

从国内外研究资料来看,基于代理模型的优化得到了广泛的应用,其可行性和有效性也得到了验证。在航空航天领域,其主要应用于飞行器总体设计、翼型设计等方面[94],因此研究并实现一种通用的代理模型优化设计方法在 EOSS 顶层设计参数优化中的应用,是一个具有重要意义的课题。

上述几种代理模型构建方法中,响应面方法是对样本数据进行拟合,当未知关系高度非线性或设计空间范围很大时,优化结果精度不高[95],它适用于低精度分析。在同时考虑模型精度和鲁棒性的情况下,径向基函数模型是最为可靠的[96],而神经网络模型则需要大量的训练样本,若系统仿真非常耗时,其拟合效率较低。相比其他方法,Kriging 代理模型有两方面的优点:①Kriging 模型只使用估计点附近的某些信息，而不是所有信息对未知信息进行模拟；②Kriging 同时具有局部和全局的统计特性，这个性质使得 Kriging 模型可以分析已知信息的趋势和动态。因此，它比单个的参数化模型（如响应面法）更具有灵活性和更强的预测能力，同时又克服了非参数化模型处理高维数据的局限性[93]。本书将构建 Kriging 代理模型对 EOSS 仿真数据进行处理，具体将在第 5 章进行论述。

2.4　本章小结

针对 EOSS 顶层设计参数优化问题，本章从 EOSS 物理组成以及系统性能计算两个方面分析了问题的复杂性，指出该问题具有设计变量多、设计空间大、系统性能难以解析计算等特点。立足于这些特点，在分析仿真优化、试验优化两种优化方法基础上，指出了求解 OTDP 问题的难点，并构建了基于综合拉丁方试验设计方法和 Kriging 代理模型的求解框架。

第 3 章
EOSS 性能建模及分析

　　EOSS 通过所搭载的遥感器对地面目标进行成像观测,进而实现对重点目标的侦察和监视。为实现上述目标,EOSS 在空间上对目标必须是可见的,即 EOSS 遥感器的视场能够覆盖目标区域。除此之外,有些目标具有时效性要求,如森林火灾、海上移动目标等,EOSS 必须在特定时段内对目标可见,即要求 EOSS 能够在时间上对目标进行覆盖。本章将在空间和时间两个方面对 EOSS 的覆盖性能进行建模、量化和分析,同时也将通过仿真实验分析影响这些性能的系统因素。

↘ 3.1　EOSS 性能计算方法

　　Doufer 将卫星性能的评估优化方法分为两类:半解析法(Semi‐analytical Method)和数值计算法(Numerical Method)。而根据所覆盖区域,可以将 EOSS 的优化分为全球覆盖和重点区域覆盖,基本上全球覆盖通过解析、半解析的方法求解,而重点区域覆盖则通过数值计算实现。

　　当前针对对地观测卫星系统覆盖性能的计算主要有两种方法:解析法和点覆盖数字仿真法。前者提供了一种计算卫星地面覆盖的简捷方法,但是精度较差;后者相对比较通用,且计算精度高,但是计算量大。本书将采用点数字仿真法对 EOSS 覆盖性能进行描述和计算,同时也将直接利用解析法中的有利结论,以减少仿真的复杂度。

3.1.1　解析法

所谓解析法就是建立覆盖参数与飞行任务诸变量之间的近似关系,它假设地球表面是球形,而且不考虑地球的扁率、偏心率或地球在轨道下的旋转。如图 3.1 (a)所示,其中 R_E 为地球半径,H 为卫星的轨道高度,D 为卫星到地面目标的距离,ρ 为从卫星上看到的地球的角半径,λ_o 为卫星上看到的地球圆盘相对地心的角半径,η 为星下点角即航天器的星下点(天底)至目标点的张角,类似地,λ 为星下点与目标点间的地心张角,ε 为卫星的仰角,它是在目标点处测量的卫星与当地地平之间的夹角。图 3.1(b)为卫星的瞬时视场,其变量的定义与图 3.1(a)相同,只是它的 D 为卫星与视场内目标的最大距离,θ 为卫星遥感器的视场角。

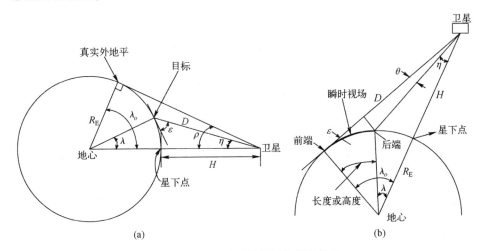

图 3.1　卫星、地面目标间的覆盖关系

根据图 3.1 所示的几何关系,瞬时视场的长度(或高度)为

$$L_F \approx D\sin\theta / \sin\varepsilon \tag{3.1}$$

而瞬时视场的宽度 W_F 则可由下式给出:

$$W_F = R_E \arcsin(D\sin\theta / R_E) \approx D\sin\theta \tag{3.2}$$

假设瞬时视场在地面的投影为椭圆,则瞬时视场点的面积 F_A 为

$$F_A = \pi L_F \times W_F / 4 \tag{3.3}$$

实际上,遥感器地面投影的形状是多样的,不同的投影将对应不同的计算公式,式(3.3)只是给出了一个简单示例,而且这种解析计算方式的误差较大,

因此在实际应用中存在较大的局限性,它主要用于单星的覆盖分析。

尽管解析法存在较大的计算复杂性,但是通过解析法我们可以得到很多有用的结论,这些结论的正确利用将极大简化问题求解和分析的复杂性。以圆轨道卫星为例,假设其轨道倾角为i,通常我们需要知道地面覆盖率与目标纬度L之间的关系,假设卫星的视场为椭圆视场,而且在卫星地面轨迹两边,在小于或等于λ_{max}的任意轨迹偏差角下都可进行观测(λ_{max}为遥感器视场的边界角),以北半球为正。则根据纬度的不同,每一圈轨道都存在无覆盖区,或有单一的长覆盖区或两个较短的覆盖区,具体如表3.1所示。

表3.1 卫星对不同纬度目标的覆盖分析

纬度范围	覆盖区个数	覆盖百分比
$L>\lambda_{max}+i$	0	0
$\lambda_{max}+i>L>i-\lambda_{max}$	1	$\phi_1/180$
$i-\lambda_{max}>L>0$	2	$(\phi_1-\phi_2)/180$

$$\cos\phi_{1,2}=\frac{\pm\sin\lambda_{max}+\cos i\sin L}{\sin i\cos L} \qquad (3.4)$$

式(3.4)中,ϕ_1取负号,ϕ_2取正号,第三列所给的公式代表在一圈轨道中卫星可以观测到给定纬度上所有点的百分率,这也近似地等于在该纬度上能覆盖某一给定点的轨道百分比。

虽然解析法比较简单,具有成熟的理论基础,而且能够很明了地表示 EOSS 轨道、载荷等参数与其地面覆盖之间的关系,但是在实际应用中存在很多不足,比如解析计算的复杂性非常大,尤其当地面目标非常不规则或者多个卫星的覆盖条带重叠时,解析法将难以计算。

3.1.2 点覆盖数字仿真法

点覆盖数字仿真法(简称为点数字仿真)实际上是一种以点代面的近似仿真方法,即用全球或区域上抽取的一定数量特征点的覆盖访问特性来近似表示全球或区域的覆盖访问特性。该方法具有较好的通用性和普适性,可以对单星或星座进行分析,可以用于全球覆盖分析,也可以用于区域覆盖分析。但是点数字仿真法的计算量非常大,这也是该方法使用的一大限制。

根据其以点代面的初衷,点数字仿真的第一步是在全球或局部区域以一定的密度抽取一定数量的特征点,抽取特征点时应注意以下两点:

（1）特征点的数量应足够大，以使点数字仿真中得到的特征点的覆盖访问特性基本能够反映全球或区域的覆盖访问特性；

（2）特征点的抽取应比较均匀，使单位面积上的特征点数目基本相同。

从以点代面的角度讲，特征点抽取得越密，点数字仿真的结果越能反映卫星对目标区域的访问特性，但从减少计算量的角度讲，特征点抽取得越少，计算量越少，计算精度也将变差。因而在仿真计算中，特征点的抽取密度应适当。

使用点数字仿真法，首先要构建地球表面上的一个点网格，网格的交点即为特征点，使一颗或多颗卫星飞过网格上空并跟踪网格上每一个点的观测特性，然后我们收集和计算各个点的数据，计算卫星或星座对每个网格点的覆盖性能，最终在一定地面范围或时段内进行再统计（可取平均值、最大值和最小值），进而衍生出相应的统计指标。对多卫星系统而言，系统对每个网格点的覆盖性能指标是合并所有卫星对网格点的覆盖时刻集（即覆盖起始和终止时刻的集合），然后按照覆盖性能指标的定义计算其值。

虽然点覆盖仿真技术是一种比较直观的方法，但是它存在两个潜在的缺陷：第一，如果要比较不同纬度的覆盖性能，则覆盖的网格点面积必须近似等于全球的表面积，若网格点以等纬度和等经度相隔，那么单位面积上的点数在两极附近将比其他地区多很多，因此，在总体统计特性中对极点数据的加权就不整齐；第二，调整仿真开始点和仿真结束点的覆盖间隙，否则这些间隙会使覆盖间隙统计特性不真实，因为真实的间隙区和覆盖区的起点和终点并不等同于仿真的开始点和结束点。因此，由这两个问题可以引申出两个问题：地球表面网格的划分和仿真时间的确定。

针对地面网格划分，要在球面上绝对均匀地抽取特征点比较困难，唯一能够绝对均匀抽取特征点的方法是以球的内接正多面体的顶点作为特征点，然而球的内接正多面体只有五种：正四面体、正六面体、正八面体、正十二面体和正二十面体，它们的顶点数依次为 4、6、8、12 和 20，可供选择的范围太小，而且以上各种方案的特征点的数目太小，无法满足点数字仿真的需要。研究者做了很多相关的探索，提出了包括等经纬度划分、"池中投石""油环点火"等多种方法[98]，为了减小问题的复杂性，我们在 J. J. Morrison[99] 和 A. H. Bogen[100] 网格法的基础上对其进行了改进：纬度仍等间隔抽取，但每条纬度线上的特征点数目正比于该纬度的余弦，这样当纬度间隔趋于无穷小时，单位面积上抽取的特征点可趋于相等。这样相当于用单位面积上网格点数近似相等的网格来对地球表面（或目标区域）进行覆盖，从而平衡了观测目标的统计特性。白鹤峰[37]

以纬度间隔10°,赤道上抽取点数100为例,给出了不同维度上的特征点分布,具体如表3.2所示。由表可见在较低纬度上,特征点数目相差不大,而高纬度的特征点数目明显减少。

表3.2　不同纬度特征点数目

纬度/(°)	0	10	20	30	40	50	60	70	80
特征点数目	100	98	94	87	77	64	50	34	17

针对仿真时间最容易的解决方法是使仿真时间足够长,这样起点和终点数据对仿真统计的特性影响就小。但是点数字仿真需要将时间进行离散化,即以一定的时间步长考察各个特征点的覆盖特性,对每次仿真总的计算次数 $N_C = T_{total}/T_{step}$,为保证计算量不是很大,需要合理选择仿真周期 T_{total} 和仿真步长 T_{step}。若是全球覆盖,则 T_{total} 可以取卫星的一个轨道周期,若是回归轨道的卫星,T_{total} 取其回归周期,若卫星既不是全球覆盖也不是回归轨道,可以根据卫星的轨道角速度 ω_S 和地球自转的角速度 ω_E 近似计算:将 ω_S/ω_E 近似表示为有理分数,该有理分数的分母即为所需要的仿真周期。通过下式,可将任意真分数 z 近似表示为有理分数:

$$z = \cfrac{1}{x_1 + \cfrac{1}{x_2 + \cfrac{1}{x_3 + \cdots}}} \tag{3.5}$$

其中:

$$\begin{cases} x_i = INT(y_i) \\ y_1 = \dfrac{1}{z} \\ y_i = \dfrac{1}{y_{i-1} - x_{i-1}} \end{cases} \tag{3.6}$$

假设 $\omega_S/\omega_E = 3.14159$,分子部分为 $z = 0.14159$,根据式(3.5)和式(3.6)得如表3.3所示的计算结果。因此,根据表3.3最简单地:$\dfrac{\omega_S}{\omega_E} = \dfrac{N}{D} \approx \dfrac{22}{7}$,此时仿真周期设为7天,或者更加精确地:$\dfrac{\omega_S}{\omega_E} = \dfrac{N}{D} = \dfrac{355}{113}$,此时仿真周期为113天。当然也可以更加精确,但是分子分母在数值上都将越来越大,对应的仿真成本将越来

越大,从仿真的角度我们不希望如此,因此取 $T_{\text{total}}=7$。

表 3.3　仿真周期计算示意

迭代次数	1	2	3	4	5	……
x_i	7	16	27	8	4	……
y_i	7.062646	15.962796	26.87883	8.252868	3.954632	……

本书将采用点覆盖数字仿真的方法对 EOSS 的覆盖性能进行计算,并将解析法中的相关结论作为专家知识,集成到仿真过程中,以减少仿真计算的复杂性,同时我们通过 Matlab 接口调用 STK 商用软件,在 STK 场景分析的基础上,计算相应的覆盖性能指标。

3.2　EOSS 性能分析

EOSS 的覆盖性能(Coverage Performance,CP)是系统所固有的能力,主要表现为系统所能覆盖的区域以及覆盖所能达到的效果,它由系统自身的组成、结构以及载荷配置等决定;EOSS 的覆盖效能(Coverage Effectiveness,CE)则是面向任务的,指系统对具体任务的完成情况。本章将构建 EOSS 的性能指标,这些指标既具有实际物理意义,又容易计算,并且还可公平地比较不同的设计方案。EOSS 对地面目标的覆盖特性包括空间、时间和频谱三个方面,本书所研究的EOSS 主要为光学卫星,因而我们暂不考虑其频谱特性。

3.2.1　EOSS 空间覆盖特性

EOSS 的空间覆盖特性主要指卫星遥感器对地面目标的几何覆盖,即卫星的成像条带或扫描条带在几何上所能够包含的地面目标。由于卫星绕地球运转的同时,地球也在自转,因此一天内卫星将不止一次飞过目标上空。地面上某点的覆盖重数是指该点在仿真时间内被卫星覆盖的次数,一般目标只要一重观测即可,但有些目标则要求多重观测,图 3.2 为一重覆盖和二重覆盖的示意。在覆盖重数基础上,我们可以通过点数值仿真的方法对特定区域内的所有网格点进行统计分析。针对 EOSS 的空间覆盖特性,我们定义区域覆盖率和覆盖重叠率对其进行描述。

1. 区域覆盖率

区域覆盖率是针对面积较大的目标而言(一般目标面积远大于卫星遥感器

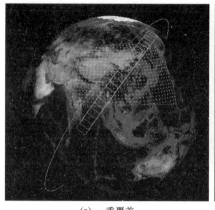
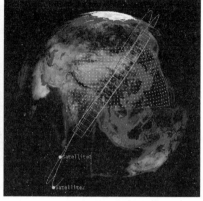

(a) 一重覆盖   (b) 二重覆盖

图 3.2　覆盖重数示意

的瞬时视场），由于遥感器幅宽的限制，卫星过境时所能覆盖的区域面积非常有限，一般需要多个观测条带才能实现对目标的完全覆盖，而且需要较长的时间。因此，区域覆盖率表征为：在仿真时间内，卫星所覆盖的目标面积与目标总面积的百分比。根据点数字仿真，目标区域将被划分为很多个面积近似相等的小区域，每个小区域定义为一个仿真点，我们用 P 来表示仿真点的覆盖重数，那么区域覆盖率可以定义为

$$P_{\text{Cover}} = \frac{Area_{\text{covered}}}{Area_t} = \frac{N_{\text{Covered}}}{N_{\text{Total}}} \tag{3.7}$$

其中，N_{Total} 是目标区域被划分的数值仿真点的总数，N_{Covered} 是指在仿真时间内被卫星覆盖的目标点的个数，我们这里所说的仿真点"被覆盖"是指该点的覆盖重数 $P \geqslant 1$。

2. 覆盖重叠率

覆盖重叠率：与区域覆盖率类似，它指覆盖重数大于等于 2 的区域面积与目标总面积的百分比，具体计算为

$$P_{N\_\text{Cover}} = \frac{N_{P\_\text{cover}}}{N_{\text{Total}}}$$

这里，$P \geqslant 2$，N_{P_cover} 为覆盖重数大于等于 2 的目标点个数。

定义覆盖重叠率对那些要求重复观测的目标非常有意义，如战场态势侦察、森林火灾监视等，对于这种目标，在优化过程中我们就尽可能地最大化卫星对其覆盖的重叠率，当然也可以通过缩短重访时间来实现。

另外,根据区域覆盖的百分比,我们还可以计算区域目标的累积覆盖面积。

3.2.2　EOSS 时间覆盖特性

由于轨道高度的限制,EOS 以很高的速度绕地球运转,EOS 对地面目标的可见时间只有几秒至几分钟。因此,卫星对地面目标并不能时时可见,只有在卫星飞过目标上空的特定时段才能认为它对目标是可见的。我们通过构建对地观测卫星系统的时间覆盖特性来分析卫星对地面目标的时间访问特性。

为了表示卫星对目标的时间覆盖特性,我们定义了三个指标对其进行描述:覆盖时间、重访时间和响应时间。

1. 覆盖时间

覆盖时间是在指定时段内,网格点被持续观测的时间,是指从卫星能够观测到目标开始直至不能观测目标的时段长度。有多种方式可以描述覆盖时间,如覆盖时间百分比、总覆盖时间、单天覆盖时间等。本书关注的是 EOSS 的整体性能,因此采用总覆盖时间 T_{total} 或覆盖时间百分比 P_T 作为覆盖时间的度量,这二者实质是一样的,因为 P_T 基于 T_{total} 进行定义,具体计算为

$$T_{total} = \sum_{i=1}^{N_{total}} t_i \tag{3.8}$$

$$P_T = T_{total} / T \tag{3.9}$$

其中,t_i 为在仿真时段内每个网格点被卫星覆盖的时间,T 为仿真时段的长度。

2. 重访时间

重访时间也即覆盖间隙,回访时间描述了卫星对目标两次访问之间的时间间隔。本书所研究的重访时间是一个静态指标,可以从三个方面对该指标进行描述:

(1)最小值:所有覆盖间隙中持续时间最小的间隙;
(2)最大值:所有覆盖间隙中持续时间最大的间隙;
(3)平均值:整个仿真覆盖时段内所有覆盖间隙的平均值。

其中,最小值和最大值反映的是较极端的情况,本书采用平均值来度量 EOSS 对整个目标的总体重访时间,定义为

$$T_{rv} = \frac{\sum_{i=0}^{N} GapDuration_i}{N} \tag{3.10}$$

其中, $GapDuration_i$ 为每个覆盖间隙的持续时间; N 为所有覆盖间隙的个数, 在指定的仿真时段内, 每个仿真点可能对应多个覆盖间隙。

3. 响应时间

响应时间是从接收到观测请求开始直到可以观测到该目标的持续时间。与重访时间类似, 响应时间也可以从最小值、最大值和平均值三个方面进行描述, 在优化过程中我们将采用平均值。对一个仿真点而言, 如果它刚好落在某个覆盖间隙中, 则响应时间就是到覆盖间隙终点的时间。

用响应时间作为覆盖性能指标的优点是可以将通信处理的时延(包括数据的请求和响应时延)直接加到覆盖响应时间中, 得到总的响应时间, 它表示从用户请求数据到用户接收到该数据的总时间, 很多时候计算响应时间比简单地统计间隙数据更具有实用意义。

我们将以图3.3为例示意这几个时间覆盖指标的计算。图3.3展示了一个仿真点在整个仿真时段 T 内被访问的情况。从图中可知, 该点有两次被卫星(可能是不同卫星)覆盖的机会, 每次覆盖的持续时间分别为 t_1、t_2, 对应的整个仿真时段被分为3个覆盖间隙 Gap_1、Gap_2、Gap_3。

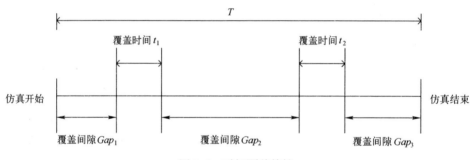

图 3.3　时间覆盖特性

（1）覆盖时间: $T_{total} = t_1 + t_2$, 覆盖时间百分比: $P_T = T_{total}/T$;

（2）平均重访时间: $T_{rv} = \sum_{i=1}^{3} Gap_i/3$;

（3）响应时间: $T_{rs} = Gap_1$。

当然, 上例针对的只是单个仿真点, 对于包含多个仿真点的区域目标, 其时间覆盖性能指标应该是区域内所有仿真点的平均。这里进行一个简单的区分, 若目标的面积较小(小于遥感器的瞬时视场), 则该目标即被认为是点目标, 这种目标一次成像即可完全覆盖, 否则为区域目标。对点目标而言, 之前所定义的空间覆盖特性就失去了意义,我们将更多地考虑其时间覆盖特性,因此构建如图 3.4 所示的覆盖性能指标体系。另外,在下文的论述中,如无特殊说明,我们所指的目标都是区域目标。

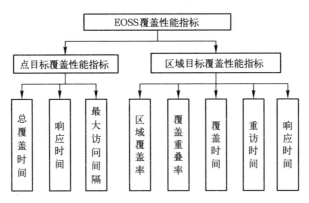

图 3.4　EOSS 覆盖性能指标体系

除了上述指标外,也有研究人员通过对不同指标的加权提出了综合性能指标,Didier[101] 从持续访问时间和重访时间两个方面出发,分析了对地观测卫星星座的覆盖性能,而 Pegher[28] 等将平均访问间隙、最大重访时间和覆盖率进行了加权,构建了新的覆盖性能指标,一般情况下,可用平均响应时间、覆盖百分比和最大覆盖间隙的均值加权作为特征点的综合性能指标。本书暂不考虑这种加权的综合指标,只通过上述的某项指标对 EOSS 覆盖性能进行分析。

3.3　影响 EOSS 性能的因素及其分析

3.3.1　EOSS 性能因素分析

根据对地观测卫星的空间覆盖特性可知,卫星对地面目标的瞬时几何覆盖取决于遥感器的地面投影,而卫星对地面目标的累积覆盖则取决于卫星的星下点轨迹。因此,从 EOS 自身而言,影响其覆盖性能的因素主要为轨道和载荷两方面。

3.3.1.1　轨道因素

根据开普勒定律,确定卫星在太空中的位置至少需要六个参数[102]:轨道半长轴 a、离心率 e、轨道倾角 i、升交点赤经 Ω、近地点辐角 ω、真近点角 v,这六个参数也被称为两行根数。本书使用这六个参数来表征卫星的轨道参数,它们概括了卫星轨道的形状、大小、轨道平面的空间位置和方向,以及卫星在轨道上的瞬时位置,各参数具体如图 3.5 所示。

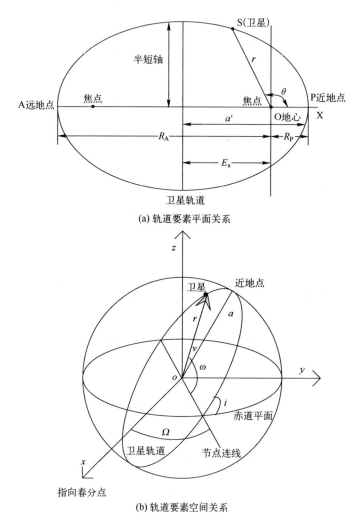

(a) 轨道要素平面关系

(b) 轨道要素空间关系

图 3.5 开普勒轨道因素

(1) 轨道半长轴(a):它的长度是椭圆长轴的一半,单位为千米,也可用轨道高度 h 对其进行替代,$h=a-R$,其中 R 为地球半径。根据开普勒第三定律,半长轴与运行周期之间有如下的换算关系:

$$T^2 = \frac{4\pi^2}{GM}a^3 \qquad (3.11)$$

（2）轨道偏心率(e)：椭圆两焦点之间的距离与长轴的比值，如图 3.5(a)所示，$e = \frac{2E_a}{a'}$。$e = 0$，说明卫星采用的是圆轨道；$0 < e < 1$，说明是椭圆轨道，这个值越大椭圆越扁。轨道半长轴 a 和轨道偏心率 e 这两个参数，确定了卫星轨道的形状和大小。

（3）轨道倾角(i)：轨道平面与地球赤道平面的夹角，用地轴的北极方向与轨道平面的正法线方向之间的夹角度量，轨道倾角的值从 $0° \sim 180°$。$i < 90°$ 为顺行轨道，卫星总是从西（西南或西北）向东（东北或东南）运行；$i = 90°$ 为极轨，即卫星轨道过极点，$i > 90°$ 为逆行轨道，卫星的运行方向与顺行轨道相反。

轨道倾角将决定卫星所能覆盖区域的最大纬度，因此直接影响 EOSS 的覆盖性能；Alan[103] 分析了不同轨道倾角下，圆轨道卫星对不同纬度的覆盖情况，并将其概括为

$$f(x) = \frac{1}{\pi} \frac{\cos x}{\sqrt{\sin^2 I - \sin^2 x}}, \quad -I < x < I \qquad (3.12)$$

其中，I 为卫星的轨道倾角，x 为目标纬度。谢金华[39] 指出对顺行轨道而言，其轨道倾角必须不小于由卫星用户确定的覆盖区域的最高或最低地心纬度的绝对值；Redon[26] 在其研究中发现，倾角的微小改变将会带来卫星对地面目标过顶次数的较大改变。因此，轨道倾角对 EOS 覆盖性能有较大的影响。

（4）升交点赤经(Ω)：春分点和升交点对地心的逆时针张角。轨道平面与地球赤道有两个交点，卫星从南半球穿过赤道到北半球的运行弧段称为升段，这时穿过赤道的那一点为升交点。相反，卫星从北半球到南半球的运行弧段称为降段，相应的赤道上的交点为降交点。在地球绕太阳公转，太阳从南半球到北半球时穿过赤道的点称为春分点。轨道倾角和升交点赤经共同决定轨道平面在空间的方位，唯一地确定了卫星轨道平面与地球体之间的相对定向。

（5）近地点辐角(ω)：它是近地点与升交点之间的地心夹角，取值范围是 $0° \sim 360°$。近地点辐角决定了椭圆轨道在轨道平面里的方位，它表达了开普勒椭圆在轨道平面上的定向。

（6）真近点角(v)：在轨道平面上卫星与近地点之间的地心角，随时间变化。

上述 6 个描述卫星无摄动运动的开普勒参数中，只有真近点角是时间的函

数,其余的参数均为常数。因此,只有计算卫星的瞬时根数时才考虑真近点角,如果只是确定卫星的轨道,这个参数可以不考虑。

选用上述 6 个参数(也可以用平近点角代替真近点角)来描述卫星运动的轨道,一般来说是合理而必要的。但在特殊情况下,例如当卫星轨道为一圆形轨道时,即 $e=0$ 时,参数 ω 和 v 便失去了意义。

比较常用的对地观测卫星的轨道包括圆轨道和椭圆轨道,当然对 EOS 而言,还有几种特殊的卫星轨道经常被使用到。

> 太阳同步轨道:卫星轨道面的进动角速度与平太阳在赤道上运动的角速度相等的轨道,而太阳在赤道上移动的角速度为 0.9856°/天。因此可以得到如下的关系式:

$$-9.97\left(\frac{R_E}{a}\right)^{3.5}(1-e^2)^{-2}\cos i=0.9856 \qquad (3.13)$$

若卫星轨道为圆轨道,则 $e=0$,式(3.13)就变为

$$-9.97\left(\frac{R_E}{a}\right)^{3.5}\cos i=0.9856 \qquad (3.14)$$

而 $a=h+R_E$,因此就确定了轨道高度 h 与轨道倾角 i 之间的关系,且 $i>90°$,也就是说太阳同步轨道是逆行轨道。

> 回归轨道:地面轨迹经过一段时间后重复出现的轨道。假设 T_e 为轨道相对于地球旋转一周的时间间隔,T_Ω 为卫星的轨道周期(交点周期),若存在既约正整数 D 和 N 满足:$NT_\Omega=DT_e$,则卫星在经过 D 天,正好运行 N 圈后,其地面归期开始重复,D 为回归周期。若 $T_e=1440$,则此时的轨道为太阳同步回归轨道[39]。

太阳同步轨道常用于与太阳有密切关系的航天器上,如资源卫星、气象卫星、军事卫星、海洋卫星等;对地观测卫星若考虑全球覆盖,则可选用回归轨道。除上述两种轨道外,也还有临界轨道和冻结轨道,这里将不再论述。

3.3.1.2 载荷因素

EOSS 的覆盖性能不仅与卫星的轨道因素有关,而且还与卫星所带的载荷有关,这里载荷主要指卫星遥感器,它将决定卫星的成像质量,同时与卫星轨道一起决定卫星的几何覆盖。按照成像方式的不同,可以将卫星载荷分为四类:可见光、红外、微波和雷达,其中可见光和红外都是利用透镜收集或传输光学信号,微波和雷达则是通过抛物面天线来传输射频信号,而微波系统主要是指微波辐射计(无源雷达),其分辨力较低,使用较少。因此我们将上述四种载荷笼

统地归结为两类:光学载荷和雷达。

1) 光学载荷

光学系统所采用的主要硬件为透镜,照射在一个理想透镜上的平行光线将全部汇集于焦点,从透镜到焦点的距离称为焦距 f,f 大致决定了聚光系统的长度。在实践中,焦距通常是根据视场和图像平面的大小而确定的,即:

$$\frac{f}{h} = \frac{r_d}{R} \equiv 放大率 \tag{3.15}$$

其中,h 为卫星到物体的距离,r_d 为图像平面的长度,R 为物体的长度,因此在物体与卫星之间距离保持不变时,光学系统的焦距 f 将决定其放大率。

除了放大率外,对光学系统而言,分辨率也是一个非常重要的概念,最好的光学系统是衍射限制光线系统,它们的最小分辨角刚好能够区别视场中的两个目标而不是一个目标。令 θ_r 为刚好能包围焦平面上两个目标的角(弧度),根据瑞利衍射的判据,分辨角 θ_r 满足 $\theta_r = 1.22\lambda D$,λ 为中心波长,D 为光学孔径,即光学孔径 D 将决定分辨角的大小。

另外,对光学遥感器而言,将可以描述视场内地面景物的最小可分辨单元称作像元,通过焦平面探测器,可以获取非常逼真的图像,而探测器平面的能通量将决定其成像的逼真度,能通量与探测器到目标景物的距离 h 无关,只取决于两个特征参数:探测器面积和视场角直径 θ。

因此,要设计一种完善的光学载荷,需要考虑很多参数和因素,但是最关键的因素只剩两个:孔径 D 和焦距 f,它们决定了反射镜的曲率半径。而在实际的设计过程中,我们可以通过线像素 DP 来替代相机的孔径 D,DP 为像平面上每毫米距离的线对数目,用以衡量光学系统从一个越来越小的地面目标黑白条形图中辨别出黑条数目的能力。

2) 雷达

雷达成像载荷工作于厘米和毫米波段,而以厘米波段最常用,因为波长较短时大气引起的信号衰减较严重。与上述遥感器不同,雷达是一种主动探测系统,它可提供本身的照明,与闪光摄影的情形很相像,因而它容易被发现或遭到干扰。雷达成像的载荷分辨率较差,而较常用的卫星雷达载荷为合成孔径雷达,它可以获得与可见光和红外系统相同的分辨率而不受距离的影响,其分辨率取决于所发射的雷达波束功率,具体设计比较复杂,本书中暂不考虑。

3.3.1.3　因素间的关系

1) 线像素、焦距、轨道高度与地面分辨率(Ground Sampling Distance,GSD)

的关系

如图 3.6 所示,地面分辨率受线像素 DP、遥感器目镜的焦距 f、卫星遥感器和地面目标的距离 r 以及它们之间的夹角 $elev$ 等因素的影响。

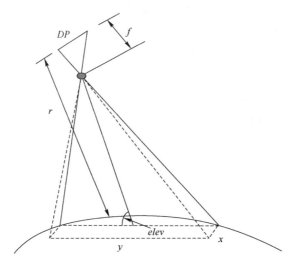

图 3.6 遥感器 GSD 计算示意图

从图 3.6 中的几何关系可以看出:

$$x = \frac{DP \times r}{f}, \quad y = \frac{DP \times r}{f \times \sin(elev)} \tag{3.16}$$

$$长方形面积 = \frac{DP^2 \times r^2}{f^2 \times \sin(elev)} \tag{3.17}$$

那么,图像的地面分辨率就是长方形面积的平方根值,即

$$GSD = \frac{DP \times r}{f \times \sqrt{\sin(elev)}} \tag{3.18}$$

由式(3.18)可知,在卫星遥感器的线像素和焦距确定的情况下,卫星在运行过程中,其遥感器对某一地面目标的地面分辨率是变化的。r 越小、$elev$ 越大,则 GSD 的值越小,图像的地面分辨率越高。通常所说的卫星遥感器的最佳地面分辨率是指在 $elev = 90°$,卫星对地面目标垂直过顶(r 最小)时的地面分辨率。因此,定义一个卫星观测任务,如果对图像的地面分辨率有一定要求,必须设置图像所允许的最大地面分辨率。

2)视场角、轨道高度与幅宽的关系

视场角和幅宽与轨道根数的关系如图 3.7 所示。

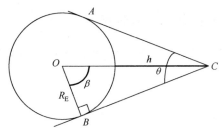

图 3.7　幅宽与视场角、轨道高度关系示意图

幅宽 W 为 $\overset{\frown}{AB}$ 的弧长,h 为轨道高度,R_E 为地球半径,θ 为视场角,由几何关系和三角形正弦公式得

$$\frac{\sin\dfrac{\theta}{2}}{R_E}=\frac{\sin\left(\dfrac{\theta}{2}+\beta\right)}{R_E+h} \tag{3.19}$$

即

$$\beta=\arcsin\left(\frac{h+R_E}{R_E}\sin\frac{\theta}{2}\right)-\frac{\theta}{2} \tag{3.20}$$

根据弧长公式可得幅宽与遥感器视场角和轨道高度的关系为

$$W=R_E\left[2\arcsin\left(\frac{h+R_E}{R_E}\sin\frac{\theta}{2}\right)-\frac{\theta}{2}\right] \tag{3.21}$$

除上述关系外,更多情况下,因素间的耦合关系不能通过通用的解析关系表达,当然个别情况(如太阳同步轨道的高度和倾角)可以单独考虑。通过上面的分析可知,在对 EOSS 顶层参数进行优化时,可以考虑的设计变量如表 3.4 所示。

表 3.4　EOSS 顶层参数优化的设计变量

因素类型	变量名称	符　号
轨道因素	轨道半长轴	a
	轨道倾角	i
	升交点赤经	$RAAN$
	近地点辐角	ω
	离心率	e
相机因素	线像素	DP
	焦距	f
	视场角	θ

3.3.2　各性能指标的影响因素分析

通过上面的分析可以知道影响 EOSS 覆盖性能的主要因素,但我们并不清楚每个因素具体怎样影响 EOS 的覆盖性能,下面将通过一系列的仿真来定量分析各个因素对系统主要性能指标的影响。

3.3.2.1　轨道因素分析

1) 轨道半长轴对 EOS 覆盖率和重访时间的影响

保持 EOS 其他因素不变,改变卫星轨道半长轴 a,分析 a 对 EOS 区域覆盖率以及重访时间的影响。通过上一节的论述可知,轨道半长轴对地面分辨率 GSD 也有所影响,因此将分两种情况对问题进行分析:考虑 GSD 的影响,且令 $GSD \leqslant 5\mathrm{m}$,不考虑地面分辨率,优化结果如图 3.8 所示。

通过图 3.8 可以看出,在不考虑分辨率的情况下,随着轨道半长轴的增大,卫星对目标的覆盖率逐渐增大,同时重访时间也逐渐变小,这说明轨道高度越高卫星的覆盖性能越好。但是一旦考虑卫星图像的地面分辨率,当轨道高度升高到一定程度之后,卫星的覆盖率变为 0,而重访时间也变成了仿真周期,说明此时卫星会对目标"视而不见"。因此,在实际应用中轨道半长轴并不是越大越好,需要根据载荷性能以及实际观测需求来决定。

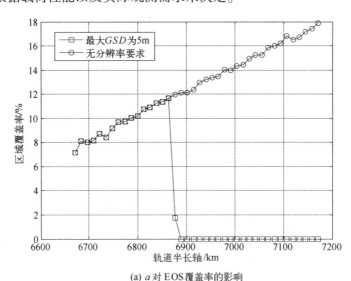

(a) a 对 EOS覆盖率的影响

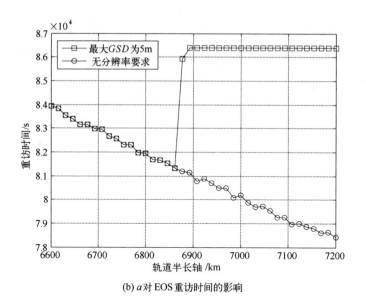

(b) a 对 EOS 重访时间的影响

图 3.8　a 对 EOS 覆盖性的影响

2）轨道倾角对覆盖率和重访时间的影响

类似地,保持其他因素不变,改变 EOS 的轨道倾角,分析轨道倾角对 EOS 覆盖率以及重访时间的影响,具体结果如图 3.9 所示。

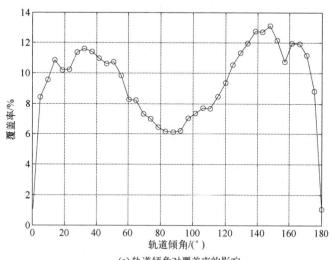

(a) 轨道倾角对覆盖率的影响

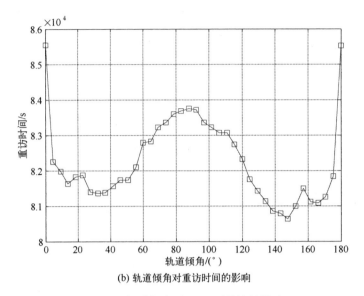

(b) 轨道倾角对重访时间的影响

图 3.9　轨道倾角对 EOS 覆盖性的影响

分析图 3.9 可以发现,曲线基本上以 $i=90°$ 为中心是对称的。这是因为轨道倾角为 i 或 $180°-i$ 时,EOS 所能覆盖的区域是一样的,所不同的只是顺行或逆行。除此之外,曲线会出现峰值,以 $i\in(0°,90°)$ 为例,当 i 为 33° 时,覆盖率达到最大,继而随着 i 的增大,覆盖率迅速变小。同样,重访时间也迅速变大,而北纬 33° 正是目标的中心位置,这说明轨道倾角的选择应该考虑目标的地理分布。实际上,轨道倾角与目标的地理纬度比较接近时,卫星可以对目标提供更好的覆盖。

3) 升交点赤经对覆盖率和重访时间的影响

分析 RAAN 对覆盖率及重访时间的影响,结果如图 3.10 所示。

通过图 3.10 可以发现,RAAN 对卫星覆盖性能有一定的影响,但是这种影响相对较小,以覆盖率为例,最大值与最小值之间的差别 ΔCov 仅为 1.27 个百分点,而且这种影响无规律可循,但是 RAAN 将决定卫星在轨道面上的位置,尤其他将决定降交点地方时,因此在优化时也应考虑。

3.3.2.2　载荷因素分析

1) 线像素 DP 对 EOS 覆盖性能的影响

DP 对 EOS 覆盖性能的影响如图 3.11 所示。

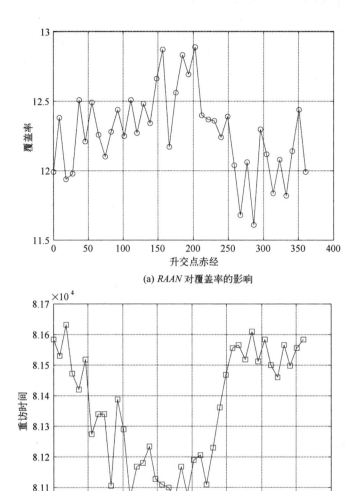

(a) *RAAN* 对覆盖率的影响

(b) *RAAN* 对重访时间的影响

图 3.10　升交点赤经对 EOS 覆盖性的影响

通过图 3.11 可以发现 DP 对 EOS 的覆盖性能几乎没有影响,但是在考虑分辨率的情况下,曲线出现了拐点,之所以出现这种结果是因为 DP 影响 EOS 载荷的分辨率,当分辨率不满足时卫星只能对目标"视而不见"。

2)焦距 f 对 EOS 覆盖性能的影响

f 对 EOS 覆盖性能的影响如图 3.12 所示。

与线像素类似,f 对 EOS 覆盖性能本身并无影响,它只影响相机的放大倍

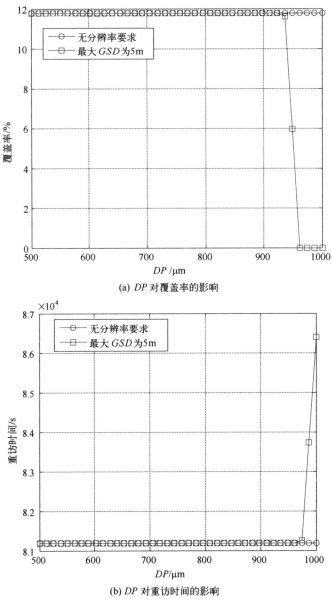

(a) DP 对覆盖率的影响

(b) DP 对重访时间的影响

图 3.11　DP 对 EOS 覆盖性的影响

数,根据式(3.18),它与 DP、H 一起决定 EOS 相机的分辨率。

3) 视场角 θ 对 EOS 覆盖性能的影响

视场角对 EOS 覆盖性能的影响如图 3.13 所示。

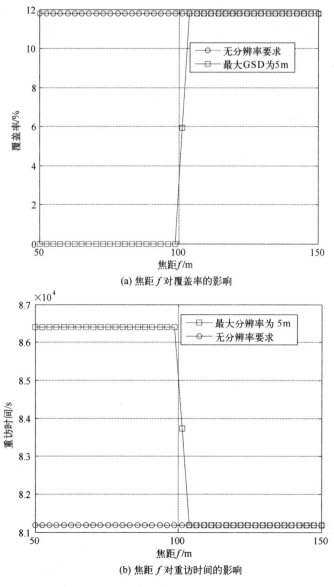

(a) 焦距 f 对覆盖率的影响

(b) 焦距 f 对重访时间的影响

图 3.12　焦距 f 对 EOS 覆盖性能的影响

通过图 3.13 可以发现,在其他变量不变的情况下,视场角越大,相机幅宽越大,对应的 EOS 的覆盖性能越好,图 3.13 的结论与式(3.21)是一致的。然而实际应用中,由于成本和技术水平的限制,θ 不可能太大,尤其随着分辨率要求的提高,θ 将逐渐变小。因此,在优化过程中其变化范围很小,但它是影响 EOS

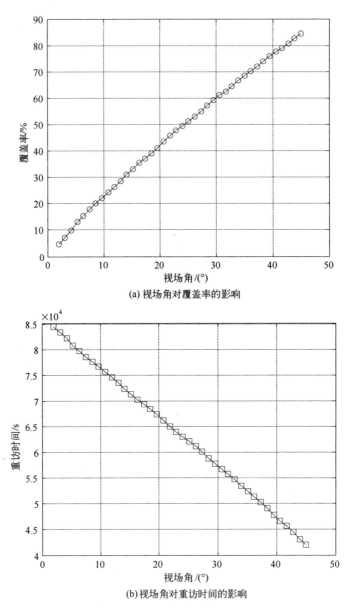

(a) 视场角对覆盖率的影响

(b) 视场角对重访时间的影响

图 3.13　视场角对 EOS 覆盖性能的影响

覆盖性能的一个重要因素,在优化过程中需要结合工业部门的实际情况进行选择。

　　综上,轨道因素、载荷因素互相影响,共同决定 EOS 的覆盖性能,EOS 的时空覆盖性能在整体上是一致的,虽然细节上有所差异。这种单变量分析在实际优化中是不够的,为实现 EOSS 顶层设计参数的优化,需要求解一组使系统性能最优的参数组合。为了得到这种组合,我们将进行多参数仿真,在选择仿真参数时应该注意:遥感器焦距 f 和线像素 DP 只影响 EOSS 观测图像的质量,对 EOSS 覆盖范围、覆盖时间等没有影响。因此,在不考虑分辨率的情况下这两个参数可以不考虑;轨道半长轴 a、轨道倾角 i、视场角 θ 是影响 EOSS 覆盖性能的主要参数,在仿真时应该着重考虑;$RAAN$ 对 EOSS 的覆盖性能有影响,但是这种影响无明显规律可循,而且在实际应用中它将决定卫星的降交点地方时,因而在优化时也应予以考虑。

3.4　本章小结

本章分析了 EOSS 覆盖性能的计算方法,采用基于点覆盖数字仿真的方法对 EOSS 覆盖性能建模,并从空间和时间两个方面出发构建了 EOSS 的覆盖性能指标体系,分析了影响 EOSS 覆盖性能的系统因素,然后在仿真的基础上定量地分析了各个因素对不同性能指标的影响,为 EOSS 顶层设计参数优化问题的优化指标和仿真变量选择提供了依据。

第 4 章
综合拉丁方试验设计方法

通过上一章的论述可知,EOSS 性能指标计算需要借助仿真才能实现。当系统规模较大时,其仿真将涉及几十甚至上百个变量,导致系统仿真非常耗时。为了控制仿真的时间成本,必须严格限制仿真的次数;另外,为了更准确地描述和探索系统的性能,需要仿真尽可能多的系统样本点。因此,在 EOSS 顶层设计参数优化中存在仿真时间与仿真精度的冲突,为了缓解这种冲突只能通过设计合理的仿真方案来控制仿真次数,同时保证每个仿真点的独立性和分布的合理性,对此本章提出了综合拉丁方试验设计方法。

↘ 4.1 EOSS 仿真及拉丁方试验设计方法

4.1.1 EOSS 仿真的困境

人们探索、研究和利用自然的一个重要途径是试验,很多时候由于时间、资源、成本等客观条件的限制,物理试验并不可行,随着计算机技术的发展,人们开始用计算机仿真来代替物理试验。试验有两个基本准则:一是测试试验变量的所有可能组合;二是改变其中一个变量,观察该变量对目标函数的影响[104]。

假设试验包含 p 个因素,每个因素的取值水平分别记为 $q_1, \cdots, q_p$,若对每种参数组合都进行测试,共要进行 $q_1 \times \cdots \times q_p$ 次试验。当 p 较小,且各因素的水平数 q_i 也较小时,完全试验是可行的,如 $p=4$,$q_i=2$,此时需要 $2^4=16$ 次试验;若

$q_i = 4$,则需要 $4^4 = 256$ 次试验;然而当 $q_i = 16$ 时,完全试验所需要的次数则变为 $16^4 = 65536$。同样,若保持因素的水平数不变,增加因素的个数,$p = 8$,$q_i = 4$,则可能的试验组合数为 $4^8 = 65536$。因此,随着试验因素数或因素水平数的增加,完全试验所需要的试验次数都呈指数增加,当这些值增加到一定程度时,完全试验变得不可行。

对 EOSS 而言,随着卫星数量的变化,其设计参数和相关约束从十几到几十个不等,而且参数的取值范围变化较大,这一方面导致系统的设计空间非常大,可能的参数组合有无数种;另一方面,单次仿真耗费的时间也呈指数增长。因此,完全试验对 EOSS 顶层设计参数优化问题是不可行的。

作为完全试验的替代,我们将从 OTDP 问题空间中抽取典型的样本点进行仿真,在制定仿真方案时,我们一方面需要控制仿真次数,节省仿真成本;另一方面需要合理选择仿真点,保证样本点的独立性和不相关性。试验设计正是这样一种可以生成合理仿真方案的有效方法,优秀的试验设计能有效降低试验次数,可通过有限次仿真得到尽可能多的系统信息。

拉丁方试验设计方法具有较强的灵活性,对试验因素数和仿真次数之间的约束较小,同时具有较好实现性,可通过不同的列排列组合而成。因此,本书将通过它来生成 EOSS 顶层设计参数优化的仿真方案。

4.1.2　拉丁方试验设计方法

拉丁超立方试验设计(Latin Hypercube Design,LHD,简称为拉丁方设计)自 1979 年被 Mckay 等提出以后,一直是"充满空间"试验设计领域的重要方法,也是当前应用比较广泛的方法[73]。拉丁方设计要求试验因素的取值水平相同,且任意两个因素之间无相互作用,它将试验因素按水平竖排成一个随机方阵,在同一行或同一列中任何因素的水平上均无重复。很多学者对其理论和方法进行了系统的研究和发展,并形成了独立的分支,这些研究概括起来可分为三个方面:

第一,均匀拉丁方(Space-filling):偏重于试验点在设计空间中分布的均匀性。1990 年 Johnson 等首先提出了极大极小拉丁方设计,即最大化试验点之间的最小距离[105];1994 年 Park 基于最大熵和最小化均方差提出了行交换的拉丁方试验设计方法[106];1995 年 Morris 和 Mitchell 则对极大极小距离进行了改进得到 ϕ_p 距离,并通过模拟退火算法(SA)对 LHD 进行优化,采用 $T' = \alpha T$ 的降温表[107];1998 年 Hickernell 指出了 L_p 离差的不足,并对其进行了改进[108];2000 年方开泰等在阈值接受算法(Threshold Accept,TA)基础上,通过最小化中心化离差 CL_2 得到均匀性较好的拉丁方[109],他们的算法不是以一定的概率接受新解,而是通过确定性计算来进行判断;2005 年 Jin 等在随机进化算法(Stochastic Evolution,SE)基础上提出了改进随机进化算法(Enchanced Stochastic Evolution,ESE),用以求解极大极小拉丁方[110],他们还对优化准则的计算进行了改进,大大降低了计算的复杂性。2006 年 Husslage 等采用周期设计和模拟退火算法对现有设计进行改进,得到近均匀拉丁方(Approximate Space-filling LHD),而且设计变量的维数可以达到 10 维[111]。

第二,正交拉丁方(Orthogonal Latin Hypercube Design,OLHD):从拉丁方矩阵自身的结构出发,保证所选样本点是互相独立、不相关的。1992 年 Florian 提出了 Updated LHD(ULHD),证明了相比随机拉丁 ULHD 可以极大地降低回归参数估计的方差,而且对包含随机输入的复杂分析模型[112],该方法在敏感性分析、概率分析等方面表现非常出众,究其原因是作者采用了 Cholesky 分解[113]来降低拉丁方矩阵的列相关系数,即 ULHD 具有较好的正交性。1992 年 Owen[114]和 Tang[115]提出基于正交矩阵的拉丁方试验设计,这些设计方法的 r 维映射是分层的;1994 年 Owen 提出通过最小化输入因素间的列相关系数来构建正交拉丁方[116],而 Tang 则在此基础上通过考虑因素间的高阶相关性来生成正交拉丁方[117],1998 年 Ye[118]通过正交向量构建正交拉丁方,而且在这种设计方案中所有列向量间的相关系数均为 0;2001 年 Butler 基于 William 变换和与二阶傅里叶多项式模型相关的列正交性提出了一种拉丁方设计方法[119];Ang 在 Cioppa 的基础上,采用类似的研究思路,进一步将试验设计约束条件放松到:$n = 2^m + 1$,$k = 1 + \sum_{j=1}^{p} C_{m-1}^j, p \leq m - 1$[120]。Pang 等于 2009 年提出了构建水平数为 p^d($d = 2^c$)的正交拉丁方,且所包含的因素数可以多达$(p^d-1)/(p-1)$,其基本思想是旋转常规 p^d 饱和析因设计的因素组[121]。Georgiou 给出了正交拉丁方设计的通用方法,他使用正交平方矩阵以及它的完全折边(full fold-over)设计来得到需要的设计[122]。

第三,同时考虑上述两种属性,即正交均匀拉丁方(Orthogonal Maximin LHD)。最开始考虑正交均匀拉丁方的是 Cioppa,2002 年他针对美国国防部 Peace Enforcement 仿真需求,在 Ye 相关研究的基础上,通过将正交拉丁方和均匀设计综合在一起生成近正交且具有较好均匀性的拉丁方,最终得到 O_{22}^{129} 的设计方案,极大地减少了试验次数[123];之后他又通过在设计矩阵的各列间引入较小的列相关性来提高设计的均匀性,相比过去的设计,这种设计可以处理更大规模的试验设计[124]。2008 年 Joseph 明确提出多目标的拉丁方试验设计方法,即通过加权的形式将列相关系数和试验点间的距离同时进行考虑[62],并在 Lundy 和 Mees 算法基础上得到了一个新的设计方法,并且证明了 ϕ_p 准则的上下界[125]。刘新亮在 Joseph 算法基础上,通过改进的随机进化算法实现了多目标拉丁方的设计[126-128]。

上述三个方面是当前拉丁方试验设计研究的主要方向,对比三类设计,前两类设计采用单一的优良性准则作为优化目标,第三类设计综合考虑了拉丁方矩阵的两种优良性准则,可保证设计方案的整体最优性。因此,本书将在第三类设计的基础上,生成 EOSS 顶层设计参数优化问题的仿真方案。

为了得到优化的拉丁方设计,我们需要首先明确其优化准则。

4.2　拉丁方试验设计的优化准则

在进行进一步的研究之前,我们首先对所用到的符号标记进行定义:假设某试验的因素数为 k,每个因素对应的取值水平数为 n,我们用一个 $n\times k$ 的矩阵来表示该试验的参数取值组合,可将该矩阵记为 X_k^n,其中 X 为所采用的拉丁方设计方法,如 R_k^n 为随机拉丁方矩阵,E_k^n 表示进化拉丁方矩阵。以图 4.1 所示的 9×5 拉丁方矩阵 X 为例,X 的每列 X_j 代表一个系统因素,共 5 列,表示因素数为 5;X 的每行 X_i' 代表一种试验参数组合,对应为一个样本点,9 行代表 9 个样本点。

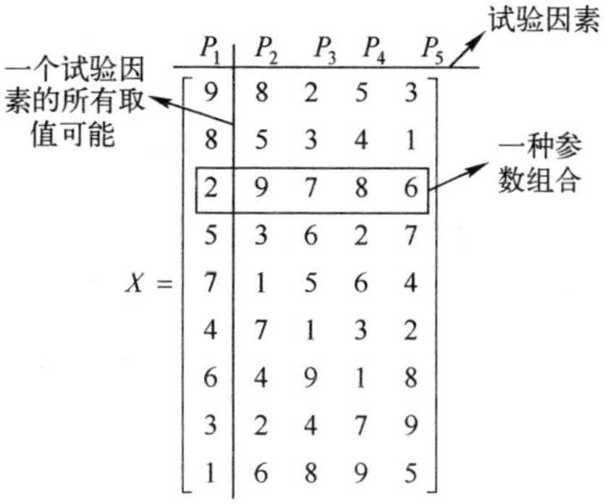

图 4.1　拉丁方设计方案的表示

根据不同优化准则的侧重点,我们将这些准则大致归纳为两类:均匀性准则和正交性准则。

4.2.1 均匀性准则

所谓均匀性,即试验点在因子空间中的均匀分散性,保证试验因子的每个水平在试验空间中都出现,且仅出现相等次数,用以描述所取试验点的代表性,包括设计点之间的极大极小距离 ϕ_p,以及中心化偏差 CL_2。传统拉丁方设计在构造过程中能够保证每个变量的取值都是均匀的,但是不能保证所有变量组合所确定仿真点的均匀性[129]。

1. 极大极小距离准则

极大极小准则就是最大化试验点间的最小距离。$d(x_i, x_j)$ 为任意两个样本点之间的闵可夫斯基距离,具体定义为

$$d(X_i, X_j) = d_{ij} = \left[\sum_{k=1}^{m} \mid x_{ik} - x_{jk} \mid^t \right]^{1/t}, t = 1 \text{ 或 } 2 \tag{4.1}$$

式中,m 表示试验点的两两组合数目,因此极大极小距离准则可以描述为

$$\max \left[\min_{1 \leqslant i,j \leqslant n, i \neq j} d(X_i, X_j) \right] \tag{4.2}$$

2. ϕ_p 准则

Morris 和 Mitchell 将极大极小距离进行了推广[130],对于给定的试验设计方案,计算任意两个试验点 X_i, X_j 之间的距离 $d_{ij}(1 \leqslant i, j \leqslant n, i \neq j)$,对所有的 d_{ij} 进行排序,得到不同距离函数取值列表 $(d_1, d_2, \cdots, d_l)$,并得到每个距离取值对应的个体数目 $(J_1, J_2, \cdots, J_l)$。其中 d_i 表示距离函数取值,保证 $d_1 < d_2 < \cdots < d_s$,J_i 表示距离函数取值为 d_i 的取样点对个数,l 表示不同距离函数取值个数。如果试验设计矩阵能最小化 ϕ_p 函数,则称此试验设计为 ϕ_p 最优设计[107],ϕ_p 定义为

$$\phi_p = \left[\sum_{i=1}^{l} J_i (1/d_i)^p \right]^{1/p} = \left[\sum_{i=1}^{l} J_i d_i^{-p} \right]^{1/p} \tag{4.3}$$

而且 Joseph 证明了 ϕ_p 准则存在理论上界和理论下界,参见参考文献[62]。将上下限分别记为 $\phi_{p,U}$ 和 $\phi_{p,L}$,其具体的计算形式如下所示:

$$\phi_{p,U} = \sum_{i=1}^{n-1} \left(\frac{(n-i)}{(i^t \times s)^p} \right)^{1/p} \tag{4.4}$$

$$\phi_{p,L} = \left\{ C_n^2 \left(\frac{\lceil \bar{d} \rceil - \bar{d}}{\lfloor \bar{d} \rfloor^{p/t}} + \frac{\bar{d} - \lfloor \bar{d} \rfloor}{\lceil \bar{d} \rceil^{p/t}} \right) \right\}^{\frac{1}{p}} \tag{4.5}$$

其中,$\lceil x \rceil$ 表示 x 的向上取整运算,$\lfloor x \rfloor$ 表示 x 的向下取整运算,p 为正整数,$\bar{d}$ 为距离函数的代数平均值。

3. 中心化偏差准则 CL_2

为度量试验点分布的均匀性,且使其满足 Koksma-Hlawka 不等式,均匀设计的提出者方开泰和王元,提出用数论方法中最普遍采用的 L_p 偏差来定义均匀性[109]。令 $x=(x_1,\cdots,x_s)' \in C^S$,$[0,x]=[0,x_1] \times \cdots \times [0,x_s]$ 为 C^s 中由原点 0 和 x 决定的矩形,令 $N(P_n,[0,x])$ 为 P_n 中的点落入 $[0,x)$ 中的个数,当 P_n 中的点在 C^S 中散布均匀时,$N(P_n,[0,x])/n$ 应与 $[0,x)$ 的体积 $x_1,\cdots,x_s$ 相接近,点集 P_n 在点 x 的偏差定义为

$$D_p(D_n) = \left[\iint_{C^S} \left| \frac{N(D_n,[\mathbf{0},\mathbf{x}])}{n} - Vol([\mathbf{0},\mathbf{x}]) \right|^p \mathrm{d}\mathbf{x} \right]^{1/p} \tag{4.6}$$

随着 n 和 s 的增加,偏差计算复杂性变为 NP-Hard 问题,且用偏差衡量均匀性也不够灵敏,为了克服偏差计算的时效性问题,L_p 偏差几经发展,最终采用中心化偏差 CL_2 来进行计算[131],具体计算如式(4.7)所示,其中 x_{ij} 为归一化后拉丁方矩阵中试验点的取值。

$$CL_2(X)^2 = \left(\frac{13}{12} \right)^S - \frac{2}{n} \sum_{i=1}^{n} \prod_{k=1}^{m} \left(1 + \frac{1}{2} |x_{ik} - 0.5| - \frac{1}{2} |x_{ik} - 0.5|^2 \right) +$$

$$\frac{1}{n^2} \sum_{i=1}^{n} \sum_{j=1}^{n} \prod_{k=1}^{m} \left(1 + \frac{1}{2} |x_{ik} - 0.5| + \frac{1}{2} |x_{jk} - 0.5| - \frac{1}{2} |x_{ik} - x_{jk}| \right)$$

$$\tag{4.7}$$

归一化的方法为

$$\bar{x}_i = (x_i - x_L)/(x_U - x_L) \tag{4.8}$$

其中,x_L 为参数 x_i 所有值中的最小值,x_U 则为最大值。

4.2.2　正交性准则

所谓正交性是保证从全面试验中选出的点的整齐性,即要求任一因素的诸水平做相同数目的试验,任意两个因素的水平组合做相同数目的试验,用以描述仿真点的典型性。包括最大列相关系数和矩阵奇异值分解的条件数两个准则。

1. 最大列相关系数 ρ_{max}

根据 Tang 的研究发现,基于矩阵列相关性的设计是一个获取非正交性的

重要方式[115],Cioppa 采用最大化拉丁方矩阵列的绝对两两相关性得到正交拉丁方和近正交拉丁方[123],我们用列相关性来区别不同设计方式。取拉丁方矩阵 X 的两列 X^i,X^j,其线性相关性 ρ_{ij} 可记为

$$\rho_{ij} = \frac{\sum_{b=1}^{n} \left[(x_b^i - \bar{x}^i)(x_b^j - \bar{x}^j) \right]}{\sqrt{\sum_{b=1}^{n} (x_b^i - \bar{x}^i)^2 \sum_{b=1}^{n} (x_b^j - \bar{x}^j)^2}} \qquad (4.9)$$

因此最大绝对列相关系数记为

$$\rho_{max} = \max_{1 \leq i,j \leq n, i \neq j} \left\{ |\rho_{ij}| \right\} \qquad (4.10)$$

ρ_{max} 给出了最极端的两两相关性,这个值可以用来描述拉丁方矩阵的非正交性,通过最小化 ρ_{max} 就可以控制其他的两两相关性。

2. 拉丁方矩阵的相关系数 ρ^2

ρ_{max} 给出的是拉丁方矩阵列与列之间相关性的极端情况,Owen 提出用矩阵相关系数来描述矩阵整体的正交性[116],定义为

$$\rho^2 = \frac{\sum_{i=2}^{k} \sum_{j=1}^{i-1} \rho_{ij}^2}{k(k-1)/2} \qquad (4.11)$$

上式中 ρ_{ij} 的定义与式(4.8)相同。

3. 矩阵奇异值分解的条件数 CN

矩阵奇异值分解的条件数(Condition Number,CN)是线性代数中用以描述线性方程 $Ax = b$ 的解对 b 的误差或不确定性的敏感程度,简称条件数,定义为

$$Cond(A) = k = \|A^{-1}\| \cdot \|A\| \qquad (4.12)$$

其中 $\|A\|$ 为矩阵范数,且 $Cond(A) \geq 1$。对正交矩阵而言,其条件数为 1,奇异矩阵的条件数为 ∞,因此矩阵的条件数越大,矩阵的正交性越差。

Jin 和 Alejandro 用矩阵的条件数[132-133]来描述拉丁方矩阵的正交性,且取得了很好的效果,我们也将用 CN 来度量拉丁方矩阵的正交性。

本书将采用 ϕ_p、中心化离差 CL_2 作为拉丁方设计均匀性的度量,采用最大列相关系数 ρ_{max}、条件数 CN 作为正交性度量,上述四个准则共同构成了本书 LHD 矩阵的评价体系,它们可以从均匀性和正交性两个方面共同保证仿真样本点选择的科学性。在此基础上我们提出了综合拉丁方试验设计方法,该方法同时考虑了设计方案的均匀性和正交性,具体将在下一节进行论述。

4.3　综合拉丁方试验设计方法

拉丁方试验设计方案可以通过拉丁方矩阵来表示,矩阵中每个元素值代表了一个因素的取值,因而不能随意变化,因此,不同设计方案只能通过矩阵的行变换或列变换实现。为了得到最优设计方案,邻域搜索将是一个有效方法,邻域搜索算法是通过邻域函数产生新状态并按一定方式转移状态来完成优化过程[134]。为了保证求解效率,本书将在快速模拟退火算法基础上构造综合拉丁方试验设计方法(Comprehensive Latin Hypercube Design,CLHD)。

4.3.1　快速模拟退火算法及其算法结构

模拟退火算法(Simulated Annealing,SA)是模拟物理退火过程的一种超启发式(Metaheuristic)算法,它的思想最早由 Metropolis[135] 于 1953 年提出,并于 1983 年由 Kirkpatrick[136] 成功应用到组合优化问题中,具有适用范围广、求得全局最优解的可靠性高、算法简单、便于实现等优点。常规模拟退火算法被证明具有较强的全局寻优能力,但需要足够的模型扰动及迭代次数,并配以严密的退火计划,这也意味着需要足够高的初始温度、缓慢的退火速度、大量的迭代次数以及同一温度下足够的扰动次数。因此,计算效率一直是 SA 在大规模组合优化问题中应用的主要障碍[137]。Ingber 针对该缺点,对常规 SA 在模型扰动及退火方式上进行了改进,提出了快速模拟退火算法(Very Fast Simulated Annealing Algorithm,VFSA)[138-140],大大提高了求解速度,并且已经在一些实际研究中得到了应用。

1. 快速模拟退火算法简介

退火是一种物理过程,金属物体在加热至一定温度后,它的所有分子在状态空间 D 中自由运动,随着温度的下降,这些分子逐渐停留在不同的状态。在温度最低时,分子重新以一定的结构排列。统计力学的研究表明,在温度 k,分子停留在状态 i 满足玻耳兹曼(Boltzmann)概率分布:

$$\Pr\{\bar{E}=E(i)\}=\frac{1}{Z(k)}\exp\left(-\frac{E(i)}{k_B k}\right) \tag{4.13}$$

其中 $E(i)$ 为状态 i 的能量,$k_B>0$ 为玻耳兹曼常数,$\bar{E}$ 为分子能量的一个随机变量,$Z(k)$ 为概率分布的标准化因子。

$$Z(\tau) = \sum_{s \in D} \exp\left(-\frac{E(s)}{k_B k}\right) \qquad (4.14)$$

通过该分布可知:在同一温度,分子停留在低能量状态的概率比停留在高能量状态的概率要大。当温度足够高时,分子在每个状态的概率基本相同,接近平均值 $1/|D|$,$|D|$ 为状态空间 D 中状态的个数。当温度降低时,分子处于高能量状态的概率减小,处于低能量状态的概率升高,当温度趋向 0 时,分子停留在最低能量状态的概率趋向 1,这就是热力学中的"退火"规律。

对组合优化问题而言,它与金属的退火过程存在如图 4.2 所示的对应关系。

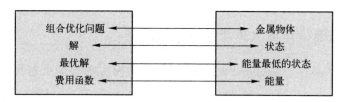

图 4.2 组合优化问题求解及金属退火的对应关系

传统模拟退火算法是遵循玻耳兹曼概率的状态函数,根据文献[141],为了保证目标函数全局收敛于最小值,其退火函数应满足:

$$T_k = T_0/\ln(k) \qquad (4.15)$$

但是传统模拟退火算法存在收敛速度过慢的缺陷,而快速模拟退火算法(VFSA)在温度较高状态下要求扰动状态基本遍历整个解空间,以便寻找包含最小能量值的最优解空间。因此,温度较高时的模型扰动的分布状况在算法中显得尤其重要,VFSA 采用依赖温度的似 Cauchy 分布,具体如下:

假设第 k 次迭代对应目标函数的状态为 $X_k = (x_1(k), \cdots, x_N(k))$,且 x_i 为有界的,$i = 1, \cdots, N$,即 $x_i \in [A_i, B_i]$,根据似 Cauchy 分布,第 $k+1$ 次迭代产生的函数状态为

$$X_{k+1} = (x_1(k+1), \cdots, x_N(k+1)), x_i(k+1) = x_i(k) + z_i(B_i - A_i) \qquad (4.16)$$

其中,$z_i \in [-1, 1]$,且满足密度函数:

$$g_k(z_i) = \frac{1}{2\left(|z_i| + T_k\right)\ln\left(1 + \dfrac{1}{T_k}\right)} \qquad (4.17)$$

因此,VFSA 对应的生成概率函数为

$$g_k = g_k(z) = \prod_{i=1}^{N} g_k(z_i) \tag{4.18}$$

这样对应的累积概率分布为

$$G_k(z) = \int \cdots \int g_k(z) \, dz_1 \cdots dz_N = \prod_{i=1}^{N} G_k(z_i) \tag{4.19}$$

其中，$G_k(z_i) = \dfrac{1}{2} + \dfrac{\mathrm{sgn}(z_i)}{2} \dfrac{\ln\left(1 + \dfrac{|z_i|}{T_k}\right)}{\ln\left(1 + \dfrac{1}{T_k}\right)}$，因此 z_i 可以通过 $[0,1]$ 均匀分布的 u_i

产生：

$$z_i = \mathrm{sgn}\left(u_i - \frac{1}{2}\right) T_i \left[\left(1 + \frac{1}{T_i}\right)^{|2u_i - 1|} - 1\right] \tag{4.20}$$

同样为了保证目标函数全局收敛于最小值，需满足：

$$T_k = T_0 \exp(-ck^{-1/N}) \tag{4.21}$$

其中，c 为给定常数，k 为迭代次数，因此上式可以变换为

$$T_k = T_0 c^{\sqrt[N]{k}}, \quad 0.7 \leqslant c \leqslant 1 \tag{4.22}$$

快速模拟退火算法是渐近收敛的，它以严密的退火计划为保证，具体地讲，就是足够高的初始温度、缓慢的退火速度、大量的迭代次数及同一温度下足够的扰动次数，算法的具体结构将在下节介绍。

2. VFSA 算法的一般结构

定义一个简单的组合优化问题，如下所示：

$$\begin{aligned} &\min \quad f(x) \\ &\text{s.t.} \quad c(x) \geqslant 0 \\ &\quad\quad x \in X \end{aligned} \tag{4.23}$$

其中，$f(x)$ 为目标函数，$c(x)$ 为约束函数，X 为定义域。

模拟退火算法是一种典型的邻域搜索算法，而邻域搜索的过程就是从一个解移动到另外一个解，这里的移动用 s 表示，移动后得到的解用 $s(x)$ 表示，从当前解出发经一步移动可得到的解的集合用 $S(x)$ 表示，也就是邻域的概念。基本模拟退火算法可以描述如下：

模拟退火算法：

第1步：选择一个初始解 $x_0 \in X$，$x = x_0$，初始温度 $T_0 = T_{\max}$，外循环控制参数 $k = 0$。

第2步:判断内循环终止条件是否满足,若满足则转第3步;否则,在当前解 x 的邻域中选择一个能得到最好解的移动 s,使 $f(s(x)) < f(x)$, $s(x) \in S(x)$,即 $\Delta f = f(s(x)) - f(x) < 0$,则 $x = s(x)$,如果这样的移动 s 不存在,则依概率进行选择,若 $\exp(-\Delta f / T_k) > rand$ $(0,1)$,则 $x = s(x)$,重复第2步。

第3步:判断是否满足终止条件,若满足则终止计算,否则 $T_{k+1} = S(T_k)$, $k = k+1$,令 $x = s(x)$ 为当前解,转第2步,继续搜索。

相比 SA,VFSA 只是在退火机制 $T_{k+1} = S(T_k)$ 上有所不同,其一般步骤也如上所述,VFSA 包含内外两个循环,内循环对应为步骤2,即退火到某温度 T_k 时,需要在当前温度上进行一些随机搜索,对应为算法内的邻域变换;而外循环对应为步骤3,主要为退火温度的变化 $T_{k+1} = S(T_k)$、迭代步数的控制 $k = k+1$、算法终止条件判断。因此,VFSA 的算法要素可以概括为状态表达、邻域定义与移动、热平衡到达、降温函数等四个要素。

1)状态表达

状态表达即解的表达,合理的状态表达将大大减小计算复杂性,改善算法性能。对于一个组合优化可以用一个二元组 (X, f) 来表达,其中 X 表示所有满足问题约束的可行解集合,f 是目标函数,它将 X 中的任一元素 x 映射为一个实数。问题的求解目标就是在 X 中寻找一个解 x,使得目标函数最小或者最大。

对拉丁方试验设计而言,其状态定义相对简单,因为它的每个设计方案都对应为一个矩阵,k 因素 n 水平的设计我们用 $n \times k$ 的矩阵来表示,而状态转移后的矩阵规模保持不变,且满足4.2节中提到的条件,f 则取决于用户定义的优化准则。

2)邻域定义与移动

邻域结构(Neighborhood Structure)是组合优化中的一个重要概念,其作用是指导如何用一个(组)解来产生一个(组)新的解。对于问题 (X, f),其邻域结构 N 可定义为从 X 向其幂集的一个映射[142]:

$$N: X \xrightarrow{\quad f \quad} 2^X \tag{4.24}$$

该映射将为每个 $x \in X$ 关联一个邻居集 $N(x) \subseteq X$, $N(x)$ 也可以称作解 x 的邻域(Neighborhood),它是所有能够从 x 经过一步移动就到达的解的集合。

邻域定义的出发点是保证其中的解尽量遍布整个设计空间,邻域移动分为两种方式:无条件移动和有条件移动,若新解的目标函数值小于当前解的目标函数值(新状态的能量小于当前状态的能量),则进行无条件移动,否则依据一定的概率进行有条件移动。

设 x_i 为当前解,x_j 为邻域中的一个解,它们的目标函数值分别为 $f(i)$ 和 $f(j)$,用 Δf 来表示它们的目标值增量,$\Delta f = f(j) - f(i)$。

若 $\Delta f < 0$,则算法无条件从 i 移动到 j(此时 j 比 i 好);

若 $\Delta f > 0$,则算法依据概率 p_{ij} 来决定是否从 i 移向 j(此时 i 比 j 好),这里 $p_{ij} = \exp\left(\dfrac{-\Delta f}{T_k}\right)$,其中 T_k 是当前的温度。

这种邻域移动方式的引入是 SA 实现全局搜索的关键,能够保证算法具有跳出局部最小和趋向全局最优的能力。当 T_k 很大时,p_{ij} 趋近于 1。此时 SA 进行广域搜索,它会接受当前邻域中的任何解,即使这个解要比当前解差,而当 T_k 很小时,p_{ij} 趋近于 0,此时 SA 进行的是局部搜索,它仅会接受当前邻域中更好的解。

3)热平衡到达

热平衡到达对应为 SA 算法的内循环过程:算法根据邻域定义和移动规则,从一个较活跃的系统状态(较差的解)移动到相对稳定状态(较优的解)的过程,一般需要很多次的迭代和比较。

4)降温函数

降温函数(也叫退火函数)用以控制温度下降的方式,这同时也对应于 SA 算法的外循环过程,利用温度下降来控制算法的迭代是 SA 的特点。较常用的降温函数包括两种:

(1)$T_{k+1} = T_k g r$,其中 $r \in (0.95, 0.99)$,r 越大温度下降越慢;

(2)$T_{k+1} = T_k - \Delta T$,ΔT 是温度每一步下降的长度。

但是对 VFSA 而言,我们采用式(4.21)所示的降温函数[143]。

上述四个要素构成了模拟退火算法的主体,算法的一般流程如图 4.3 所示。

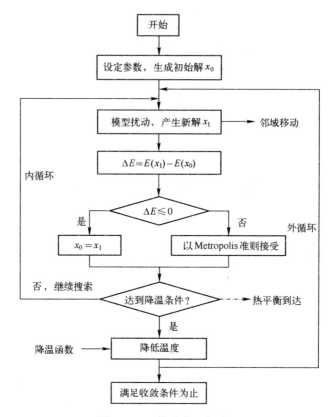

图 4.3　SA 算法的一般流程

4.3.2　CLHD 方法实现

CLHD 在 VFSA 基础上实现,它同时考虑了拉丁方矩阵的均匀性和正交性,均匀性用以保证仿真样本点充满整个设计空间,正交性用以保证样本点间的独立性。为了实现 CLHD,本节将从优化目标定义、邻域定义等 6 个方面进行论述。

4.3.2.1　优化目标定义

计算机仿真试验的设计至少满足两个条件[111]:①充满空间设计,当我们对系统响应没有任何认知的时候,最好是获取整个设计空间的信息,因此设计点应均匀地分布在整个空间中;②无重复设计(non-collapsing),当某个设计变量对函数值没有影响时,如果两个仿真点只有这个变量不同则认为这两个设计点是冲突的,因此在不知道哪个变量对系统响应影响更多时,两个试验点之间最好没有共同值。

拉丁方设计的充满空间特性和无重复特性分别通过拉丁方矩阵的均匀性和正交性来反映,良好的均匀性保证仿真点能够提供整个设计空间的信息,而良好的正交性将保证仿真模型的回归系数是不相关的。因此在构建拉丁方设计时我们应该同时考虑这两方面的因素,基于此我们借鉴 Joseph[62] 和刘新亮[128] 的多目标拉丁方来定义我们的优化目标 Ψ。

在进行拉丁方试验设计时,应该从设计方案的整体性能出发,因此我们采用 ϕ_p 准则描述拉丁矩阵的均匀性,采用 ρ^2 描述拉丁方矩阵的正交性,因为它们可反映拉丁方矩阵各个属性的平均值,Ψ 可以定义为

$$\Psi = w\phi_p + (1-w)\rho^2 \tag{4.25}$$

其中,$\rho^2 \in [0,1]$ 是一个无量纲的量,而 ϕ_p 是一个相对距离值,因此需要对其归一化,否则加权是没有意义的。式(4.4)和式(4.5)分别给出了 ϕ_p 的上界和下界,因此 Ψ 可以重新定义为

$$\Psi = w\frac{(\phi_p - \phi_{p,L})}{(\phi_{p,U} - \phi_{p,L})} + (1-w)\rho^2 \tag{4.26}$$

刘新亮[126] 在他的书里采用了 $w=0.5$ 的权重系数,即认为均匀性和正交性同样重要,实际上不同问题的仿真应该有所不同。如非线性系统的仿真优化可能更偏向于仿真点间的独立性,因此可以加大正交性的权重,而对于那些多极值问题,则可以加大均匀性的权重,使仿真点尽可能均匀分布,进而准确反映整个设计空间的特征。CLHD 将采用正交性较好的拉丁方矩阵作为初始解(将在下一节详细论述),即初始解具有较小的 ρ^2,而均匀性 ϕ_p 却无从保证。因此,在算法的初始迭代过程中应该给予 ϕ_p 更高的权重,使矩阵的正交性能够迅速得以改善,随着算法迭代次数的增加,应降低 ϕ_p 的权重,而逐渐增加 ρ^2 的权重,保证矩阵正交性不退化,直至最后实现二者的平衡。因此,定义权重因子:

$$w = 1 - n/2N \tag{4.27}$$

其中,N 为算法总的迭代次数,n 为算法运行时的当前迭代次数,w 为 ϕ_p 的权重因子,随着算法的运行 w 递减,对应地 ρ^2 的权重因子为 $n/2N$ 不断递增。相比 $w=0.5$ 的固定权重因子,这种动态权重因子可以保证解的综合最优,同时加速算法的收敛过程。

4.3.2.2　算法邻域定义

为了得到较优的设计,本书定义了 4 种变换邻域,用以生成新的解。

邻域 1：列变换邻域（正交性）

针对拉丁方矩阵 C_k^n，首先计算其列相关性矩阵 $R_{k \times k}$，根据相关性的定义，$|\rho_{ij}| \le 1$，当 $|\rho_{ij}| = 0$ 时，列 R_i，R_j 是互相独立的，且当 $|\rho_{ij}|$ 的值越接近 1 时，说明两列之间的相关性越强。若 $\rho_{\max} \ne 0$（$\rho_{\max} = 0$，说明矩阵是正交的可以不变换），计算 $|R_{k \times k}|$ 每列的和，选择和最大的那一列进行变换，若存在多个列的和都等于最大值，则从中随机选择一个进行列变换，图 4.4 以 9×4 的拉丁方为例给出了列变换邻域的移动示意，进行变换的列依据式（4.24）进行选择。

$$R_m = \{R_i \mid \max\left(\sum_{j=1}^{k} |\rho_{ij}|\right), i = 1, \cdots, k\} \quad (4.28)$$

$$C_4^9 = \begin{bmatrix} 1 & 3 & 5 & 9 \\ \boxed{5} & 6 & 1 & 8 \\ 7 & 4 & 9 & 6 \\ 3 & 2 & 3 & 2 \\ 4 & 8 & 2 & 7 \\ \boxed{6} & 1 & 6 & 1 \\ 8 & 7 & 7 & 4 \\ 9 & 5 & 8 & 3 \\ 2 & 9 & 4 & 5 \end{bmatrix} \Longrightarrow C_4^{9'} = \begin{bmatrix} 1 & 3 & 5 & 9 \\ \boxed{6} & 6 & 1 & 8 \\ 7 & 4 & 9 & 6 \\ 3 & 2 & 3 & 2 \\ 4 & 8 & 2 & 7 \\ \boxed{5} & 1 & 6 & 1 \\ 8 & 7 & 7 & 4 \\ 9 & 5 & 8 & 3 \\ 2 & 9 & 4 & 5 \end{bmatrix}$$

图 4.4 列变换邻域示意

该邻域的目的是：通过列变换降低拉丁方矩阵的最大列相关系数，进而改进拉丁方设计的正交性。

邻域 2：行变换邻域（均匀性）

该邻域的定义与邻域 1 的定义类似，所不同的是我们所针对的是距离矩阵。对拉丁方矩阵 C_k^n，它的每一行都可定义为 k 维空间里的一个点，我们通过式（4.1）计算这 n 个点中任意两点之间的距离 d_{ij}，如此可以得到一个 $n \times n$ 的距离矩阵 D。

对于 $D_{n \times n}$，计算它每行 D_i 的元素和：$\Phi_i = \sum_{j=1, j \ne i}^{n} d_{ij}$，即第 i 个点到其余点距离的和，从中选择值最小的两行，假设这两行分别对应为拉丁方矩阵 C_k^n 的 R_p，R_q，对其进行行变换，具体为：随机生成两个随机数 $i, j (1 \le i, j \le n)$，交换两行中对应的第 i, j 个元素，R_{pi} 与 R_{qi}，以及 R_{pj} 与 R_{qj}，得到新的矩阵 $C_k^{n'}$，具体如图 4.5 所示。

设计该邻域主要是通过移动试验空间中与其他点距离较近的两点，使所有试验点能够充满到整个设计空间中，改进拉丁方矩阵的均匀性。

$$C_4^9 = \begin{bmatrix} 1 & 3 & 5 & 9 \\ 6 & 6 & 1 & 8 \\ 7 & 7 & 9 & 4 \\ 3 & 2 & 3 & 2 \\ 4 & 8 & 2 & 7 \\ 5 & 1 & 6 & 1 \\ 8 & 4 & 7 & 6 \\ 9 & 5 & 8 & 3 \\ 2 & 9 & 4 & 5 \end{bmatrix} \Longrightarrow C_4^{9'} = \begin{bmatrix} 1 & 3 & 5 & 9 \\ 6 & 6 & 1 & 8 \\ 7 & 4 & 9 & 6 \\ 3 & 2 & 3 & 2 \\ 4 & 8 & 2 & 7 \\ 5 & 1 & 6 & 1 \\ 8 & 7 & 7 & 4 \\ 9 & 5 & 8 & 3 \\ 2 & 9 & 4 & 5 \end{bmatrix}$$

图 4.5　行变换邻域示意

邻域 3：列替换邻域

通过算法内循环,如果多次迭代不能得到改进的解,说明算法可能陷入局部最优,需要对其进行扰动,则进行列替换,用以跳出局部最优,具体做法是:对拉丁方矩阵 C_k^n,选择其正交性最差的列 R_m,随机生成一个新的列 R_j,然后用 R_j 代替 R_m,生成新的拉丁方矩阵 $C_k^{n'}$,如图 4.6 所示。

用以替换的列 R_j 满足:

(1) 是 $1\cdots n$ 的排列;

(2) 替换后,保证矩阵每行的元素与该行的其他元素均不相同。

$$C_4^9 = \begin{bmatrix} 1 & 3 & 5 & 9 \\ 5 & 6 & 1 & 8 \\ 7 & 4 & 9 & 6 \\ 3 & 2 & 3 & 2 \\ 4 & 8 & 2 & 7 \\ 6 & 1 & 6 & 1 \\ 8 & 7 & 7 & 4 \\ 9 & 5 & 8 & 3 \\ 2 & 9 & 4 & 5 \end{bmatrix} \Longrightarrow C_4^{9'} = \begin{bmatrix} 1 & 3 & 7 & 9 \\ 5 & 6 & 2 & 8 \\ 7 & 4 & 3 & 6 \\ 3 & 2 & 8 & 2 \\ 4 & 8 & 1 & 7 \\ 6 & 1 & 9 & 1 \\ 8 & 7 & 5 & 4 \\ 9 & 5 & 4 & 3 \\ 2 & 9 & 6 & 5 \end{bmatrix}$$

图 4.6　列替换邻域示意

邻域 4：列单元交换邻域

该邻域的定义我们借鉴 Jin[110] 在 ESE 算法中采用的列单元交换策略,即选取第 $(i \bmod k)$ 列进行单元交换,然后随机选择 J 个交换后得到试验设计方案。其中 i 为算法当前迭代的次数,k 为试验设计的因素数。除了变换列的选择方式不同,具体变换与邻域 1 相同,这种列向量选择方法具有很强的随机性,这样可以增强算法的随机搜索能力,有助于算法跳出局部最优。

上述四种邻域,前两种在内循环中用以产生改进解,后两种为扰动邻域,用在回火过程中,帮助算法跳出局部最优。

4.3.2.3 初始解生成

大部分拉丁方试验设计采用随机拉丁方(Random Latin Hypercube, RLH)作为初始解,所谓随机拉丁方即通过排列随机组合生成,具体为:对于 $n \times k$ 的随机拉丁方矩阵 R_k^n,它的每一列都是 $1 \cdots n$ 的排列,且这些排列随机生成,共 k 列。对 $1 \cdots n$ 而言,其可能的排列个数为 $n!$,因此 R_k^n 可能的形式共有 $C_{n!}^k$ 个。当 $n = 20, k = 6$ 时,这个值已经很大,若问题规模变大则其复杂度将更甚。

随机拉丁方矩阵的一个很大的弊端是其正交性较差,作者随机生成了 1000 个 9×4 的矩阵,其中将近 70% 的矩阵 $\rho_{max} > 0.5$,具体如表 4.1 所示。VFSA 算法对初始解比较敏感,一个差的初始解将导致算法的迭代次数较多,这不但加重了算法的计算负担,而且最终解的质量也不是很高。另外,初始解随机性过大将导致优化结果的随机性变大,因此应该采用正交性较好的拉丁方矩阵作为初始解,关键是要降低矩阵的列相关性。

表 4.1 随机拉丁方列相关性统计

最大列相关系数	>0.8	>0.7	>0.6	>0.5	>0.4
所占比率/%	8.5	21.8	44.5	69.9	88.1

本书将在随机拉丁方基础上,参考 Florian 方法[112],采用 Cholesky 分解降低矩阵的正交性,并以此作为算法的初始解,具体如下:

对随机拉丁方矩阵 R,计算其任意两列 R_i、R_j 的相关系数 T_{ij},构建列相关系数矩阵 T,这里采用 Spearman 系数,有

$$T_{ij} = 1 - \frac{6 \sum_{l=1}^{n} (R_l^i - R_l^j)^2}{n(n^2 - 1)} \quad (4.29)$$

其中,R_l^i 表示元素 R_{li} 在列 R^i 所有元素排序中的序列数,$R_l^i, R_l^j = 1, 2, \cdots, n$。对矩阵 T 而言,$T_{ij} = T_{ji}$,且 $|T_{ij}| \leq 1$,T 是正定实对称矩阵,因此可以对其进行 Cholesky 分解。即需要寻找变换矩阵 S',使得 $STS' = I$,其中 $S = Q^{-1}$ 且 $T = QQ'$。

根据 Cholesky 分解方法:T 是对称的,因此存在下三角矩阵 L,使得 $T = LDL'$,其中 D 是一个元素均为正数的对角矩阵,存在 $L_1 = LD^{1/2}$,且 $L_1 L_1' = T$,因此 $Q = L_1, S = Q^{-1} = L_1^{-1} = (LD^{1/2})^{-1}$,所以过渡矩阵可以记为 $S' = ((LD^{1/2})^{-1})'$。得到变换矩阵 S',$R_{new} = RS'$,将矩阵 R_{new} 每列的元素用元素对应的水平序列数来代替元素本身得到新的拉丁方矩阵 R',计算 R' 最大列相关系数,如果不满足

需求,可以对 R' 重复进行 Cholesky 分解,直至满足需求或者不能得到新的矩阵 R_{tran} 为止,即可得到最终的拉丁方矩阵 R_{LHD}。

　　以 20×6 的拉丁方矩阵为例,随机生成 20 个随机拉丁方矩阵,然后用上述方法对其进行优化,具体结果如表 4.2 所示,其中初始值是指随机拉丁方矩阵的最大列相关系数 ρ_{max},而优化值是指经过分解、变换后得到的拉丁方矩阵的 ρ_{max}。通过表中数据可以看出,经过 Cholesky 分解变换后拉丁方矩阵的 ρ_{max} 明显降低,一般经过 4~5 次变换即可实现,且运算效率很高,平均耗时为 0.0504 s,图 4.7 显示了 Cholesky 分解之后随机拉丁方正交性的改进。

表 4.2　RLH 的 Cholesky 分解变换

编号	初始值	优化值	变换次数	计算时间	编号	初始值	优化值	变换次数	计算时间
1	0.5609	0.0511	5	0.0593	11	0.6271	0.0662	3	0.0368
2	0.5308	0.0481	4	0.0497	12	0.4848	0.0376	4	0.0431
3	0.5203	0.0526	7	0.0778	13	0.5248	0.0782	5	0.0379
4	0.4286	0.0376	5	0.0602	14	0.5083	0.0692	4	0.0432
5	0.6571	0.0602	4	0.0422	15	0.3233	0.0496	5	0.0584
6	0.5398	0.0662	5	0.0481	16	0.6316	0.0632	4	0.0425
7	0.5594	0.0451	3	0.0385	17	0.3566	0.0385	6	0.0670
8	0.3233	0.0496	5	0.0584	18	0.6211	0.0571	3	0.0379
9	0.4536	0.0398	4	0.0363	19	0.5669	0.0797	5	0.0645
10	0.5579	0.0541	5	0.0474	20	0.4391	0.0451	5	0.0722
平均变换次数/次:4.5					平均耗时/s:0.0504				

4.3.2.4　内循环控制

　　内循环过程实际上是对当前解变换产生新解的过程,我们是要生成正交性与均匀性兼顾的拉丁方设计方案,因此内循环中我们采用列变换邻域和行变换邻域生成新解,并在它们中寻找改进的解,具体包括两部分。

　　1) 列变换邻域

　　对于 $n×k$ 的初始拉丁方 X,$X_{Cur}=X$,我们分别计算其列相关系数矩阵 $R(k×k)$ 和距离矩阵 $D(n×n)$,根据 $|R|$ 选择列相关系数和最大的一列 R_m,根据邻域 1 对 R_m 进行列变换,得到新的拉丁方 X'。为了得到改进较大的解,我们将最多进行 J 次变换,即可生成 J 个新的解,然后从中选择一个较优解 X_{ort}。

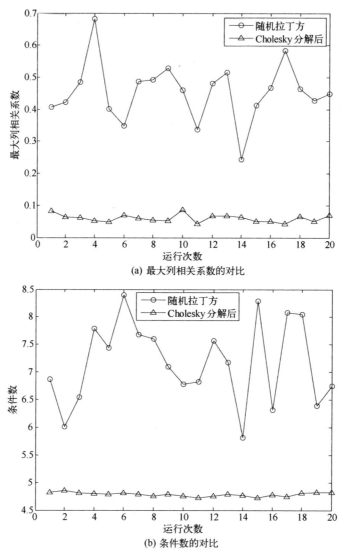

(a) 最大列相关系数的对比

(b) 条件数的对比

图 4.7 Cholesky 分解对随机拉丁方正交性的改进

对 $X_{\text{Cur}} = \begin{bmatrix} x_{11} & \cdots & x_{1m} & \cdots & x_{1k} \\ \vdots & \cdots & \vdots & \cdots & \vdots \\ x_{i1} & \cdots & x_{im} & \cdots & x_{ik} \\ \vdots & \cdots & \vdots & \cdots & \vdots \\ x_{n1} & \cdots & x_{nm} & \cdots & x_{nk} \end{bmatrix}$，经邻域 1 变换后变为 $X' = \begin{bmatrix} x_{11} & \cdots & x'_{1m} & \cdots & x_{1k} \\ \vdots & \cdots & \vdots & \cdots & \vdots \\ x_{i1} & \cdots & x'_{im} & \cdots & x_{ik} \\ \vdots & \cdots & \vdots & \cdots & \vdots \\ x_{n1} & \cdots & x'_{nm} & \cdots & x_{nk} \end{bmatrix}$，只

有 R_m 发生了变化,因此相比 R,X' 的列相关系数矩阵 R' 也只有第 m 列、m 行发

生了变化。对应地,$R_{k \times k} = \begin{bmatrix} \rho_{11} & \cdots & \rho_{1m} & \cdots & \rho_{1k} \\ \vdots & \cdots & \vdots & \cdots & \vdots \\ \rho_{m1} & \cdots & \rho_{mm} & \cdots & \rho_{mk} \\ \vdots & \cdots & \vdots & \cdots & \vdots \\ \rho_{k1} & \cdots & \rho_{km} & \cdots & \rho_{kk} \end{bmatrix}$ 变为 $R'_{k \times k} = \begin{bmatrix} \rho_{11} & \cdots & \rho'_{1m} & \cdots & \rho_{1k} \\ \vdots & \cdots & \vdots & \cdots & \vdots \\ \rho'_{m1} & \cdots & \rho'_{mm} & \cdots & \rho'_{mk} \\ \vdots & \cdots & \vdots & \cdots & \vdots \\ \rho_{k1} & \cdots & \rho'_{km} & \cdots & \rho_{kk} \end{bmatrix}$。

我们进行列变换的目的是降低列相关系数,根据 4.2.1 节中 ρ^2 的定义,只要 $\Delta\rho^2 < 0$,则说明得到的解在正交性方面有所改进。

$$\Delta\rho^2 = \rho^2(R') - \rho^2(R) = \sum_{j=1}^{m-1}(\rho'^2_{mj} - \rho^2_{mj}) + \sum_{i=m+1}^{k}(\rho'^2_{im} - \rho^2_{im}) \quad (4.30)$$

为了加速算法的迭代,在上述判断基础上我们将对 X' 做更进一步的比较。虽然列变换的初衷是改进拉丁方的正交性,我们应该看到列变换之后,仿真点在试验空间中的分布也被改变了,拉丁方的均匀性也随之改变,而且这种改变可能是朝着改进的方向进行。因此,在确定 $\Delta\rho^2 < 0$ 后,比较 X、X' 的 ϕ_p 准则,若 $\Delta\phi_p < 0$(关于 $\Delta\phi_p$ 的计算将在行变换邻域中论述),则停止当前邻域的变换,并保存 X',更新 X_{ort},$X_{ort} = X'$,且 $Tag = 1$。

否则,继续变换直至达到最大变换次数 J_1,$J_1 = \min(C_n^2, 16)$,同时将 X' 保存到 X_{Tem1} 中,当变换次数达到 J_1 时,邻域的内循环结束。此时判断 Tag 值,若 $Tag = 0$,说明当前邻域内不存在正交性和均匀性都改进的解,因此判断标记变量 $Empty$ 是否改变。若 $Empty = 1$,说明 X_{Tem1} 不为空,即通过列变换得到了正交性改进的解,遍历 X_{Tem1} 中的所有方案(最多只有 J_1 个),选取 $\Delta\rho^2$ 最小的解 X_{min} 作为较优解,即 $X_{ort} = X_{min}$;若 $Empty = 0$,说明 X_{Tem1} 为空,即当前邻域的内循环没有得到改进解,此时 $X_{ort} = X$,且 $N_\phi = 1$,具体流程如图 4.8 所示。

值得说明的是在列变换过程中,X 与 X' 只是列 R_m 不同,同时进行交换的两个元素对应的两行也发生了变化,因此其 $\Delta\phi_p$ 的判断与行变换一致,其计算将根据式(4.30)进行。

2)行变换邻域

根据 Ψ 的定义,解的改进不能只依靠正交性的改进,还应考虑其均匀性的改进,这在内循环过程中主要依靠行变换实现。

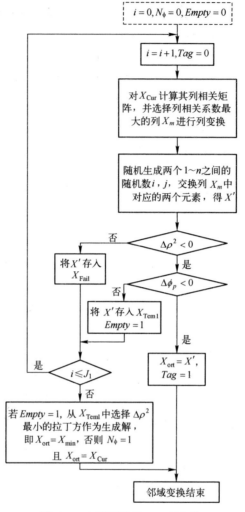

图 4.8 内循环流程——列变换

$$拉丁方\ \boldsymbol{X}_{\text{Cur}} = \begin{bmatrix} x_{11} & \cdots & x_{1i} & \cdots & x_{1k} \\ \vdots & \cdots & \vdots & \cdots & \vdots \\ x_{i1} & \cdots & x_{ii} & \cdots & x_{ik} \\ \vdots & \cdots & \vdots & \cdots & \vdots \\ x_{j1} & \cdots & x_{ji} & \cdots & x_{jk} \\ \vdots & \cdots & \vdots & \cdots & \vdots \\ x_{n1} & \cdots & x_{ni} & \cdots & x_{nk} \end{bmatrix}, 经邻域 2 变换后变为\ \boldsymbol{X}' = \begin{bmatrix} x_{11} & \cdots & x_{1i} & \cdots & x_{1k} \\ \vdots & \cdots & \vdots & \cdots & \vdots \\ x'_{i1} & \cdots & x'_{ii} & \cdots & x'_{ik} \\ \vdots & \cdots & \vdots & \cdots & \vdots \\ x'_{j1} & \cdots & x'_{ji} & \cdots & x'_{jk} \\ \vdots & \cdots & \vdots & \cdots & \vdots \\ x_{n1} & \cdots & x_{ni} & \cdots & x_{nk} \end{bmatrix},$$

对比其距离矩阵 $\boldsymbol{D}_{n\times n}=\begin{bmatrix} d_{11} & \cdots & d_{1i} & \cdots & d_{1j} & \cdots & d_{1n} \\ \vdots & \cdots & \vdots & \cdots & \vdots & \cdots & \vdots \\ d_{i1} & \cdots & d_{ii} & \cdots & d_{ij} & \cdots & d_{in} \\ \vdots & \cdots & \vdots & \cdots & \vdots & \cdots & \vdots \\ d_{j1} & \cdots & d_{ji} & \cdots & d_{jj} & \cdots & d_{jn} \\ \vdots & \cdots & \vdots & \cdots & \vdots & \cdots & \vdots \\ d_{n1} & \cdots & d_{ni} & \cdots & d_{nj} & \cdots & d_{nn} \end{bmatrix}$、$\boldsymbol{D}'_{n\times n}=\begin{bmatrix} d_{11} & \cdots & d'_{1i} & \cdots & d'_{1j} & \cdots & d_{1n} \\ \vdots & \cdots & \vdots & \cdots & \vdots & \cdots & \vdots \\ d'_{i1} & \cdots & d'_{ii} & \cdots & d'_{ij} & \cdots & d'_{in} \\ \vdots & \cdots & \vdots & \cdots & \vdots & \cdots & \vdots \\ d'_{j1} & \cdots & d'_{ji} & \cdots & d'_{jj} & \cdots & d'_{jn} \\ \vdots & \cdots & \vdots & \cdots & \vdots & \cdots & \vdots \\ d_{n1} & \cdots & d'_{ni} & \cdots & d'_{nj} & \cdots & d_{nn} \end{bmatrix}$，变

换的元素包括第 i,j 行和第 i,j 列，而且 $\boldsymbol{D}$、$\boldsymbol{D}'$ 是一个对称矩阵。根据 4.2.1 节中 ϕ_p 准则的定义，也可将其定义为

$$\phi_p = \Big(\sum_{i=2}^{n} \sum_{j=1}^{i-1} (d_{ij})^{-p} \Big)^{1/p} \tag{4.31}$$

ϕ_p 反映了拉丁方设计方案中试验点分布的整体均匀性，为了得到均匀性较好的拉丁方，ϕ_p 值将变小。因此，只要 $\Delta\phi_p=\phi_p(X')-\phi_p(X)<0$，即可认为 X' 的均匀性优于 X。

显而易见，幂函数 $f(x)=x^{1/p}, p\geq1$ 是一个增函数，若 $\Delta x=(x_2-x_1)<0$，则 $\Delta f(x)=(f(x_2)-f(x_1))<0$。定义：

$$\boldsymbol{\Phi}_p = \Big[\sum_{k=1}^{i-1} (d_{ik})^{-p} + \sum_{m=i+1}^{n} (d_{mi})^{-p} \Big] + \Big[\sum_{k=1}^{j-1} (d_{jk})^{-p} + \sum_{m=j+1}^{n} (d_{mj})^{-p} \Big] \tag{4.32}$$

其中前半部分为点 i 到其他点的距离之和，后半部分为点 j 到其他点的距离，只要 $\Delta(\boldsymbol{\Phi}_p)<0$，就可以保证 $\Delta(\phi_p)<0$。

$$\Delta(\boldsymbol{\Phi}_p) = \Big[\sum_{k=1}^{i-1} [(d'_{ik})^{-p}-(d_{ik})^{-p}] + \sum_{m=i+1}^{n} [(d'_{mi})^{-p}-(d_{mi})^{-p}] \Big] +$$
$$\Big[\sum_{k=1}^{j-1} [(d'_{jk})^{-p}-(d_{jk})^{-p}] + \sum_{m=j+1}^{n} [(d'_{mj})^{-p}-(d_{mj})^{-p}] \Big] - [(d'_{ij})^{-p}-(d_{ij})^{-p}] \tag{4.33}$$

与列变换邻域类似，在行变换邻域中我们也要判断新生成解的正交性是否有所改进，即 $\Delta\rho^2<0$，以便能尽早结束当前循环过程。列变换邻域改变的只是拉丁方矩阵的一列，而当前邻域改变了矩阵的两列，因此其 $\Delta\rho^2$ 的计算略有不同，但其基本思想是一致的，即只考虑相关系数矩阵中改变的元素，具体如下式所示：

$$\Delta\rho^2 = \sum_{m=1}^{i-1}(\rho_{im}'^2 - \rho_{im}^2) + \sum_{m=i}^{k}(\rho_{im}'^2 - \rho_{im}^2) + \sum_{m=1}^{j-1}(\rho_{jm}'^2 - \rho_{jm}^2) + $$

$$\sum_{m=j}^{k}(\rho_{jm}'^2 - \rho_{jm}^2) - (\rho_{ij}'^2 - \rho_{ij}^2) \tag{4.34}$$

行变换邻域的基本过程可以描述如下：

步骤 1：对于初始拉丁方 X_{Cur}，计算其距离矩阵 D、相关系数矩阵 R，然后依照邻域 2 的定义进行变换，最多可以变换的次数为 $J_2 = \min(C_k^2, 8)$；

步骤 2：对于每次变换得到的新拉丁方 X'；计算其 $\Delta(\Phi_p)$，若 $\Delta(\Phi_p) < 0$（即 $\Delta(\phi_p) < 0$），则根据式（4.30）计算其 $\Delta\rho^2$，$\Delta\rho^2 \leq 0$，说明 X' 比 X 在正交性和均匀性方面都得到了改进，$X_{uni} = X'$，且 $Flag = 1$，当前邻域变换结束，否则转步骤 3；

步骤 3：将当前 X' 存入 X_{Tem2}，同时 $Fill = 1$，然后继续变换直至达到最大变换次数 J_2，$J_2 = \min(C_k^2, 8)$，当变换次数达到 J_2 时，邻域变换结束，并转步骤 4；

步骤 4：若 $Fill = 1$，说明 X_{Tem2} 中存在若干个均匀性得到改善的拉丁方设计，对比这些设计，从中选择 $\Delta(\Phi_p)$ 最小的拉丁方矩阵 X'_{min}，则 $X_{uni} = X'_{min}$；若 $Flag = 0$，$Fill = 0$，说明经过 J_2 次变换后，没有得到优于 X_{Cur} 的设计，则 $X_{uni} = X_{Cur}$，且 $N'_\phi = 1$，具体流程如图 4.9 所示。

上述两种邻域变换过程共同构成了本书快速模拟退火算法的内循环，每次循环我们需要找到一个最好的解作为内循环过程的最优解 X_{opt}，因此对 X_{ort}、X_{uni} 进行比较。具体如下：

步骤 1：对初始解 X_{Cur} 分别进行行变换和列变换；

步骤 2：判断 $Tag \vee Flag = 1$ 是否成立，成立则转步骤 2，否则转到步骤 3；

步骤 3：计算 $\Psi(X_{ort})$，$\Psi(X_{uni})$，$\Psi_{opt} = \min(\Psi(X_{ort}), \Psi(X_{uni}))$，对应地将 X_{ort}，X_{uni} 中较优的赋给 X_{Cur}，若内循环条件没有满足，则继续进行变换，若已经满足，则 $X_{opt} = X_{Cur}$，跳出内循环；

步骤 4：判断 $N_{Fail} \wedge N'_{Fail} = 1$ 是否成立，不成立则转步骤 2；若成立，说明当前循环内的所有变换都没能找到改进解，此时依照一定的概率在 X_{Fail} 中选择一个解作为当前解，同时更新变换失败次数 $Fail = Fail + 1$，然后判断内循环结束条件是否满足，满足则跳出循环，不满足则进行新一轮变换。

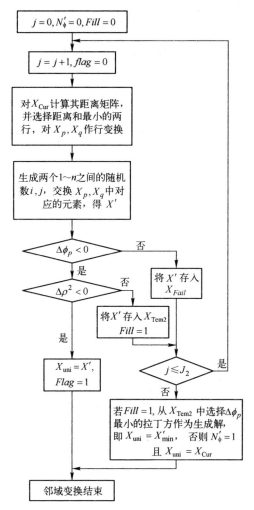

图 4.9　内循环流程——行变换

步骤 4 中，在 X_{Fail} 中选择解时，具体做法为：

计算 X_{Fail} 中所有解的属性值 Ψ，并依照 Ψ 对其进行排序，生成 $(0,1)$ 随机数：$p=random(0,1)$，若 $p>0.5$，则 $X_{Cur}=X_{Fail}(1)$，否则 X_{Cur} 保持不变。

整个内循环过程如图 4.10 所示。

4.3.2.5　回火过程

通过内循环，我们可以得到优良性更好的设计，但随着算法的迭代，温度逐渐降低，算法有可能陷入局部最优，即不能通过内循环得到改进的解。针对此，我们将通过扰动邻域对当前最优解进行变换，保证算法跳出局部最优。

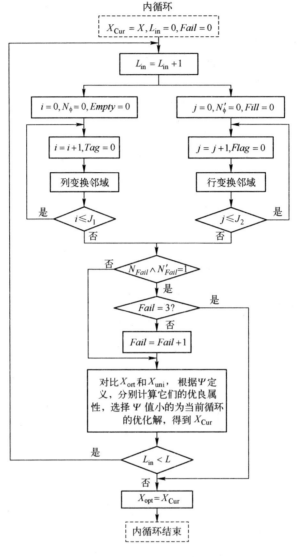

图 4.10　内循环过程

　　这里的扰动邻域主要指邻域 3 和邻域 4，对比二者，邻域 3 的扰动更大一些，因为它替换了拉丁方矩阵的一整列，而邻域 4 实质上是一种列变换，只是随机地选择需要变换的列。具体回火过程为：选取最优解为当前解，$X_{Cur} = X_{best}$，将温度设为当前温度的两倍：$T_{Cur} = 2T$，并以扰动得到的解为当前最优解继续搜索，如图 4.11 所示。

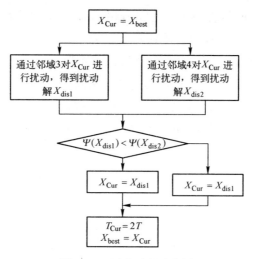

图 4.11 回火过程示意图

通过回火过程,可以使算法跳出局部"陷阱",并使算法回到温度较高的状态,将减缓退火的过程,因此不能无限制地进行回火,本书将算法的最大回火次数设置为 3,即 $N_{dis} = 3$。

4.3.2.6 算法的终止规则及参数定义

经过内循环,我们可以得到一个较优的变换解 X_{opt},通过计算优化指标,比较 X_{best} 与 X_{opt},若 $\Delta\Psi = \Psi(X_{opt}) - \Psi(X_{best}) < 0$,则 $X_{best} = X_{opt}$,$X_{Cur} = X_{best}$,否则依照如下概率进行选择:

$$P = [1 - (1 - q)\Delta\Psi/T]^{1/(1-q)} \tag{4.35}$$

具体为:生成一个随机数 $Rand = random(0, 1)$,若 $P > Rand$,则接受 X_{opt},否则保持温度不变继续搜索。式(4.34)中 q 为接受新解的冒险因子,选择不同的 q 值以体现算法的保守或冒险倾向,当 $q \rightarrow 1$ 时基本上等同于常规 SA。当然每次循环结束之后都应该进行终止条件的判断,一旦条件满足算法即结束。

VFSA 从初始温度开始,通过在每一温度的迭代和温度下降,最后达到终止原则而停止,常用的终止原则有很多,包括零度法、循环总数控制法、基于不改进规则的控制法、接受概率控制法、邻域法、Lundy 和 Mees 法等[144]。本书将采用较直观的零度法、循环总数控制法,具体如下:

(1) 零度法:模拟退火的最终温度为零,因而最为简单的原则是给定一个比较小的正数 τ,当温度降至 $T_k \leq \tau$ 时,表示已经达到最低或较低温度,算法停止。

（2）循环总数控制法：为了控制算法的运行时间，设定最大循环次数 $Total$，一旦外循环数超过该值，则终止算法。

当上述 2 个条件中有一个满足，则算法停止迭代。

另外，算法的所有输入参数定义为：试验次数 n，试验因素数 k，采用 Cholesky 分解生成初始解时，分解终止的条件是所得到的矩阵的最大列相关系数 $\rho' \leqslant 0.01$，初始温度 $T_0 = 100$，最终温度 $\tau = 0.001$，最大循环次数 $Total = 200$，温度衰减速率 $\alpha = 0.95$，外循环接受新解的冒险因子 $q = 0.3$，内循环最大迭代次数 $L = 8$。

基于 VFSA 的综合拉丁方试验设计方法的计算流程如图 4.12 所示。

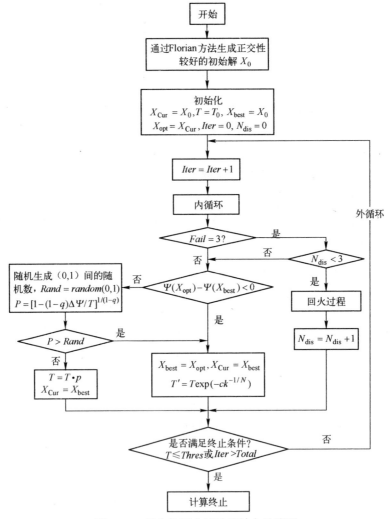

图 4.12　综合拉丁方试验设计方法流程

4.4　CLHD 对比分析及方法测试

本节将通过几个计算实例来比较和分析本书试验设计方法的特性,分为两部分:首先与其他方法进行横向比较,然后通过多组设计实例对方法自身的性能进行分析,包括因素数和因素水平数对设计方案的影响。

4.4.1　CLHD 与其他方法的比较分析

刘新亮[126]在其书中采用改进 ESE 算法生成多目标拉丁方矩阵,同时以 $LHD(5,3)$、$LHD(9,4)$ 为例,分别比较了 MLHD(Maximin Latin Hypercube Desig)、正交拉丁方试验设计(Orthogonal LHD,OLHD)、均匀拉丁方(Uniform LHD:ULHD,以最小化 CL_2 为优化准则),本书也将做类似的对比。

算例1:首先构建 $LHD(5,3)$,比较本书方法与 MLHD、改进 ESE,具体结果如表 4.3 所示。

表 4.3　不同 $LHD(5,3)$ 的比较

	MLHD	改进 ESE	本 书 方 法
最优试验设计矩阵	$\begin{bmatrix} 1 & 1 & 2 \\ 2 & 5 & 3 \\ 3 & 2 & 5 \\ 4 & 3 & 1 \\ 5 & 4 & 4 \end{bmatrix}$	$\begin{bmatrix} 1 & 1 & 3 \\ 2 & 5 & 4 \\ 3 & 4 & 1 \\ 4 & 3 & 5 \\ 5 & 2 & 2 \end{bmatrix}$	$\begin{bmatrix} 5 & 1 & 3 \\ 2 & 3 & 5 \\ 3 & 4 & 1 \\ 1 & 2 & 2 \\ 4 & 5 & 4 \end{bmatrix}$
ϕ_p 准则	0.2170	0.2201	0.2201
ρ 准则	0.265	0.0816	0.0067
ρ_{max}	0.4	0.1	0.1

由表 4.3 可以看出:

(1) 与 MHLD 相比:在 ϕ_p 准则上本书方法略逊一筹,它描述了 LHD 矩阵的均匀性;而在 ρ 准则上,本书方法远优于 MLHD,它反映了 LHD 矩阵的整体正交性;同样在 ρ_{max} 准则上,本书方法好很多,它表征的是 LHD 矩阵的最差列相关性。这是因为,MLHD 只考虑了 LHD 的均匀性,而本书方法还考虑了正交性。

(2) 与改进 ESE 相比:二者的均匀性相差不大,对比 ρ 准则,发现本书方法的整体正交性优于改进 ESE。这是因为,虽然二者均同时考虑了正交性和均匀

性,但改进 ESE 以 RLH 作为初始解,而本书采用正交性较好的 LHD 作为初始解。

算例 2:构建 $LHD(9,4)$,比较本书方法与 MLHD、OLHD、ULHD、改进 ESE,具体结果如表 4.4 所示。根据表 4.4 中数据,我们可以发现:

(1) 对比 MLHD 和改进 ESE,我们可以得到与算例 1 类似的结论。

(2) 对比 OLHD:其正交性明显优于本书方法,但是在均匀性上本书方法又优于 OLHD。虽然 OLHD 可以生成完全正交的 LHD,但是它对 n、k 的取值有着非常严格的限制,而且构造过程非常复杂,而本书方法只要 $n>k$ 即可。

(3) 对比 ULHD:我们可以得到与 MLHD 类似的结论,这是因为极大极小距离、CL_2 准则实质上都是均匀性准则,也就是说 MLHD、ULHD 都是均匀拉丁方。

表 4.4　不同 $LHD(9,4)$ 的比较

	MLHD	OLHD	ULHD	改进 ESE	本书方法
最优试验设计矩阵	$\begin{bmatrix} 1&3&3&4 \\ 2&5&8&8 \\ 3&8&6&2 \\ 4&7&1&6 \\ 5&2&9&3 \\ 6&9&5&9 \\ 7&1&4&7 \\ 8&4&2&1 \\ 9&6&7&5 \end{bmatrix}$	$\begin{bmatrix} 1&2&6&3 \\ 2&9&7&6 \\ 3&4&2&9 \\ 4&7&1&2 \\ 5&5&5&5 \\ 6&3&9&8 \\ 7&6&8&1 \\ 8&1&3&4 \\ 9&8&4&7 \end{bmatrix}$	$\begin{bmatrix} 4&1&7&5 \\ 1&3&4&3 \\ 9&9&5&4 \\ 6&6&6&9 \\ 5&7&2&1 \\ 2&8&8&7 \\ 3&5&1&6 \\ 8&2&3&8 \\ 7&4&9&2 \end{bmatrix}$	$\begin{bmatrix} 8&3&1&6 \\ 2&1&4&3 \\ 3&5&3&9 \\ 4&8&2&2 \\ 1&7&7&5 \\ 7&9&5&7 \\ 9&6&9&4 \\ 6&4&6&1 \\ 5&2&8&8 \end{bmatrix}$	$\begin{bmatrix} 4&6&9&6 \\ 8&9&7&4 \\ 2&4&6&9 \\ 6&1&8&3 \\ 7&5&3&1 \\ 9&3&4&7 \\ 5&8&2&8 \\ 1&7&5&2 \\ 3&2&1&5 \end{bmatrix}$
ϕ_p 准则	0.1049	0.1145	0.1127	0.1049	0.1074
ρ 准则	0.108	0	0.076	0.0635	0.0547
CL_2 准则	0.1415	0.1457	0.1374	0.1386	0.1391
ρ_{max}	0.217	0	0.15	0.1167	0.0667

算例 3:除上述几种方法外,我们还对本章中出现的其他几种方法进行了对比:随机拉丁方 RLH、Florian、改进 ESE,以 6 因素、20 水平的试验设计为例,分别用上述三种方法与本书方法生成 $LHD(20,6)$,每种方法运行 20 次,并且分别统计这些方案的均匀性和正交性指标,具体结果如图 4.13 所示。

图 4.13 中的 CLHD 代指本书方法,通过图 4.13(a)和(b)可以发现 CLHD 方法得到的 LHD 矩阵 C_k^n 具有较好的正交性:单从数值上可以看出,C_k^n 的矩阵相关性和条件数都明显优于 RLH、改进 ESE 方法;但基本上与 Florian 方法所得到的结果一致,而且条件数还略优于 Florian 方法,这说明在优化过程中正交性

并没有损失。这是因为根据优化准则 $\Psi = (1-w)\rho + w\phi$,SA 算法在优化过程中向着 $\min(\Psi)$ 的方向迭代,ρ 的初始值及初始权重 $1-w$ 都比较小,因此在迭代过程中为减小 Ψ 算法将着力减小 ϕ,保持 ρ。

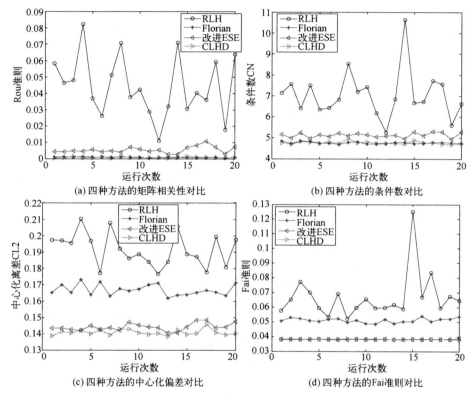

图 4.13 四种方法的对比分析

而通过图 4.13(c)和(d)可以发现,C_k^n 取点的均匀性明显优于 RLH、Florian方法,而与改进 ESE 方法相差不大,且就 CL_2 准则而言,CLHD 优于改进 ESE,也就是说在均匀性上 CLHD 虽然不能明显优于改进 ESE,但至少不比改进ESE 差。

在图 4.13(a)和(d)中,由于数值差异过小,两条曲线几乎重合,为了说明CLHD 与 Florian 的 LHD 矩阵相关性差别不大,CLHD 与改进 ESE 所生成 LHD矩阵 Fai 准则差异不大,我们分别对这两个准则进行了单独比较,如图 4.14所示。

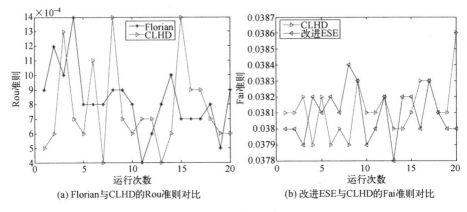

(a) Florian与CLHD的Rou准则对比　　　(b) 改进ESE与CLHD的Fai准则对比

图4.14　细化比较

需要说明的是,本书方法是在快速模拟退火算法基础上实现的,采用服从 Cauchy 分布退火函数,而且 Cholesky 分解几乎不耗费计算时间,因此在时效性上,CLHD 优于改进 ESE,但随着问题规模的增大,CLHD 的计算时间呈指数增长。

图 4.15 以 $LHD(50,2)$ 为例,分别给出了上述 4 种方法所生成方案的试验点分布,很明显 RLH 和 Florian 方法的均匀性较差,分别如图 4.15(a)和(b)所示,但后者中点的相关性较小;相比前两者,改进 ESE 和 CLHD 生成的设计方案均匀性较好,而 CLHD 中点的相关性较小。

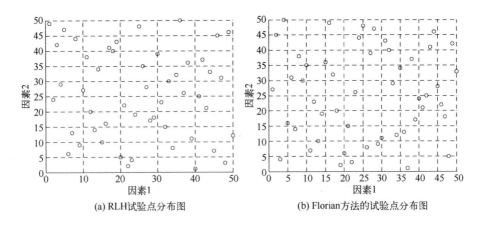

(a) RLH试验点分布图　　　　　(b) Florian方法的试验点分布图

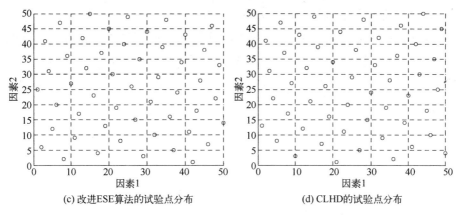

(c) 改进ESE算法的试验点分布   (d) CLHD的试验点分布

图 4.15 不同设计方法的试验点分布图

通过上述 3 个算例可以发现:相比其他方法,CLHD 能够兼顾仿真方案中样本点分布的均匀性和样本点之间的独立性,进而保证通过有限的仿真得到尽可能多的系统信息。因此,CLHD 能够为 EOSS 顶层设计参数优化问题提供质量较高的仿真方案,当然方案的优劣与因素个数、因素水平数有极大的关系。

4.4.2 CLHD 方法测试分析

本节我们将主要分析因素数、因素水平数对所得试验设计方案的影响。

根据第 3 章的分析可知,对单颗对地观测卫星而言,在对其进行顶层优化时一般考虑 6 个因素:轨道高度、轨道倾角、升交点赤经、相机焦距、线像素和视场角。为实现对这 6 个因素的优化,首先采用综合拉丁方试验设计方法生成仿真方案,并分析不同因素对设计方案自身的影响。运行过程中,算法的参数设置如表 4.5 所示:

表 4.5 综合拉丁方试验设计方法参数设置

参 数 取 值	参 数 意 义
$k=6$	试验因素数为 6
$n=20,30,\cdots,60$	因子的取值水平数为 20、30 不等
$T_0=100$	退火算法初始温度
$\tau=0.001$	退火满意温度
$\Delta=0.1$	动态权重因子
$p=1.01$	退火惩罚因子

算例1:不同取值水平对设计方案的影响

假设需要试验的因素数 $k=6$,为了验证不同取值水平对试验方案的影响,我们分别取 $n=20,30,40,50,60$,通过综合拉丁方试验设计方法构建 $n \times k$ 的 LHD 矩阵,每种规模的试验 $R_{n \times k}$ 都重复运行 10 次,我们从中取出优良性最好的一个:$R=\min(\Psi(R_{n \times k}))$,各个方案的属性值如表4.6所示。

表4.6 不同水平数的设计方案比较(相同因素数)

设 计 方 案	ϕ_p	CL_2	$\rho^2(\times 1.0e\text{-}004)$	CN	ρ_{max}	Ψ
20×6	0.0326	0.1191	1.607	4.6017	0.0277	0.0125
30×6	0.0287	0.1054	0.2800	4.5231	0.0100	0.0123
40×6	0.0235	0.0876	0.0881	4.4806	0.0066	0.0117
50×6	0.0201	0.0769	0.0596	4.4542	0.0057	0.0110
60×6	0.0177	0.0683	0.0290	4.4359	0.0032	0.0103

从表4.6可以看出:在因素数 k 不变的情况下,随着因素水平数 n 的增加,拉丁方矩阵的性能也逐渐变好,无论是单个指标,还是综合指标 Ψ。尤其 LHD 矩阵的正交性有了较大的改善,$Corr_{20 \times 6}$、$Corr_{60 \times 6}$ 分别为 LHD 矩阵 $R_{20 \times 6}$,$R_{60 \times 6}$ 的相关系数矩阵,明显地 $R_{60 \times 6}$ 优于 $R_{20 \times 6}$。

$$Corr_{20 \times 6} = \begin{bmatrix} 1.0000 & 0.0015 & -0.0100 & 0.0108 & -0.0138 & -0.0246 \\ 0.0015 & 1.0000 & -0.0200 & 0.0054 & -0.0054 & -0.0000 \\ -0.0100 & -0.0200 & 1.0000 & 0.0046 & -0.0085 & -0.0015 \\ 0.0108 & 0.0054 & 0.0046 & 1.0000 & 0.0015 & -0.0277 \\ -0.0138 & -0.0054 & -0.0085 & 0.0015 & 1.0000 & 0.0085 \\ -0.0246 & -0.0000 & -0.0015 & -0.0277 & 0.0085 & 1.0000 \end{bmatrix}$$

$$Corr_{60 \times 6} = \begin{bmatrix} 1.0000 & -0.0029 & -0.0013 & -0.0004 & 0.0003 & -0.0009 \\ -0.0029 & 1.0000 & 0.0010 & -0.0019 & -0.0008 & 0.0014 \\ -0.0013 & 0.0010 & 1.0000 & 0.0012 & -0.0002 & 0.0003 \\ -0.0004 & -0.0019 & 0.0012 & 1.0000 & -0.0026 & -0.0032 \\ 0.0003 & -0.0008 & -0.0002 & -0.0026 & 1.0000 & -0.0025 \\ -0.0009 & 0.0014 & 0.0003 & -0.0032 & -0.0025 & 1.0000 \end{bmatrix}$$

对比 ϕ_p、CL_2,发现随着因素水平数的增加,LHD 矩阵的均匀性也在逐渐变好。尤其 ϕ_p,这是因为因素水平实际上是所需要进行试验的次数,也就是设计空间中仿真点的个数,根据公式(4.3),随着抽样点数目的增加,样本点 x_i 与其他 $(n-1)$ 个点之间的平均距离也将变大,导致 ϕ_p 变小。

图 4.16 给出了所生成的 LHD 矩阵 $\boldsymbol{R}_{n \times 6}$,($n = 20, 30, \cdots, 60$)的各个指标属性的变化趋势:保持 n 不变,每种设计方案运行 10 次。

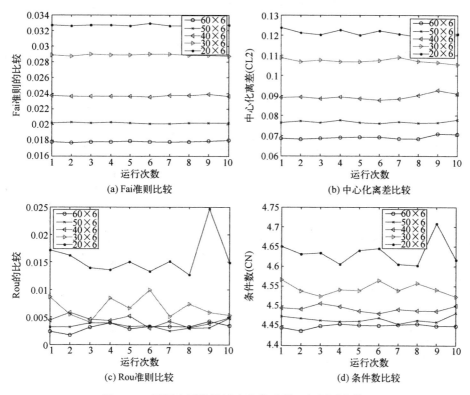

图 4.16　不同水平数设计方案的比较(相同因素数)

从横向上看,相同方案的不同运行之间相差不大,这说明本书方法具有较好的稳定性,而且 n 越大,稳定性就越好,如 60×6 的曲线所示;当 n 较小时,相同方案的不同运行差异会大些,尤其正交性指标的表现更明显,如 20×6 的曲线所示,这说明抽样点越少,样本点在设计空间中的分布就越难控制,其分布的不确定性也就越大。

从纵向上看,随着 n 的增大,设计方案的各项指标都变小,这说明设计方案的优良性越来越好。图 4.17 也证明了这一点,图 4.17 中,为了将不同指标显示在同一个图里,我们分别对 CN、Rou 的真实值进行了缩放($CN/10$,$Rou \times 10$),但这并未影响曲线的走势。

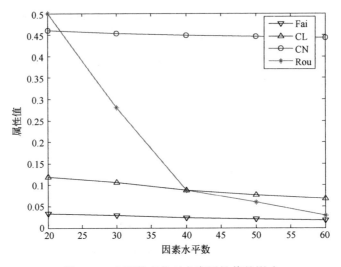

图 4.17　水平数变化对方案属性值的影响

图 4.18 显示了不同设计的退火过程,从曲线走势上可以看出整个退火过程服从 Cauchy 函数分布,算法能够较快地收敛。

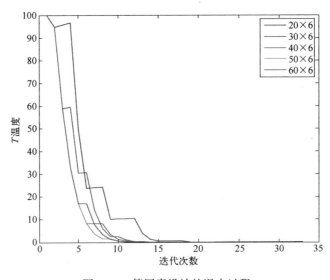

图 4.18　等因素设计的退火过程

算例 2:因素数对设计方案的影响

保持试验次数不变,增加试验的因素数:在本次试验中 $n=40$,保持不变,因

素数 $k=4,5,6,7,8$ 不等,每种设计方案依然运行 10 次,对每种设计分别选取
10 个中最好的一个,并将其相应的属性值列在表 4.7 中,算法的参数设置同
上例。

表 4.7　不同因素数的设计方案比较（相同水平数）

设计方案	ϕ_p	CL_2	$\rho^2(\times1.0e\text{-}004)$	CN	ρ_{max}	Ψ
40×4	**0.0424**	0.0450	0.0450	3.6975	0.0036	**0.0239**
40×5	**0.0303**	0.0644	0.0629	4.1083	0.0036	**0.0162**
40×6	**0.0235**	0.0876	0.0881	4.4806	0.0066	**0.0117**
40×7	**0.0193**	0.1155	0.2009	4.8309	0.0105	**0.0090**
40×8	**0.0164**	0.1448	0.2320	5.1740	0.0150	**0.0072**

通过表 4.7 可以看出,随着 k 的增大,设计方案的正交性变差,均匀性指标
CL_2 也变差,而 ϕ_p 和整体收益 Ψ 却变好,尤其通过图 4.19 和图 4.20 发现这种
变化趋势更加明显,从某种意义上说出现这种结果与我们测试的初衷是矛
盾的。

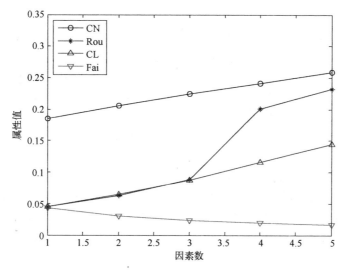

图 4.19　属性值随因素数增加的变化

仔细分析 ϕ_p 的定义:它是 d_i 的函数,d_i 代表了设计空间中采用点之间的平
均距离,随着 d_i 值的增大,ϕ_p 将变小。在上述试验中,随着设计变量维数的增

加,设计空间也是呈指数增大的,分别在一个 4 维空间和 8 维空间中选取 40 个点,很明显后者中点与点之间的距离大于前者,对应地后者的 ϕ_p 值小于前者,这也就解释了表 4.7 中 ϕ_p 的变化。

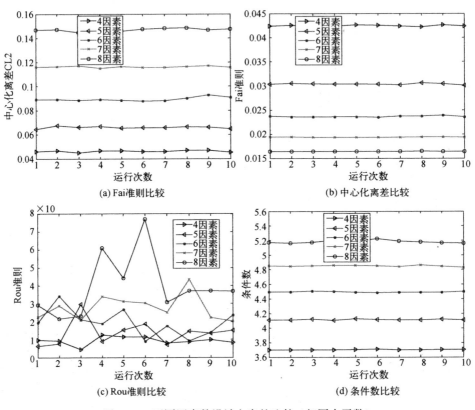

图 4.20　不同因素数设计方案的比较(相同水平数)

Ψ 数值上是 ϕ_p 和 ρ^2 的叠加,本例由于采用了正交性较好的 LHD 矩阵 $\boldsymbol{F}_{n \times k}$ 作为初始解,优化过程中我们给予 ϕ_p 更多的权重,而且 ρ^2 数值上是一个较小的值,这就决定了 Ψ 的走势取决于 ϕ_p,因此会出现表 4.7 中的计算结果。

与图 4.18 类似,图 4.21 显示了算法运行的退火过程,通过图 4.21 可以看出算法能够较快收敛。通过上面的分析可知,在保持因素取值水平不变的情况下,因素数越多,试验设计方案的优良性就越难控制。因此,在实际应用中,为了得到较优的设计方案,应该合理设置因素的水平数。

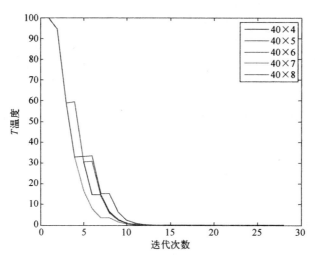

图 4.21 等水平变因素设计的退火过程

↘ 4.5 本 章 小 结

本节针对 EOSS 顶层参数优化中所存在的设计变量多、仿真耗时问题,提出了基于快速模拟退火的综合拉丁方试验设计方法。CLHD 综合考虑了试验设计方案的均匀性和正交性,前者用以控制样本点在设计空间中的分布情况,后者用以控制样本点的独立性,这种综合考虑缓解了 EOSS 顶层设计参数优化中所存在的仿真时间、仿真精度间的矛盾。CLHD 主要通过 VFSA 算法实现,算法通过采用 Cauchy 降温函数极大地提高了求解效率,同时分别设计了 4 个变换邻域,用于内循环过程和回火过程,保证算法具有较好的随机搜索能力。最后的对比算例证明了 CLHD 能够生成质量较高的仿真方案。

第5章
基于多点更新的 Kriging 代理模型及其优化

　　工程应用中，常常要对多变量的复杂结构进行优化设计以获得最佳性能，但优化中需要多次调用仿真分析模型比较和评估不同的设计方案，直接的仿真分析将导致严重的计算时间开销。因此，经常采用一些解析关系式来近似表达实际模型，这些解析关系式被称为代理模型。简言之，代理模型就是用以替代实际模型中设计变量和设计目标之间关系的显式表达式。EOSS 顶层设计参数优化中可将代理模型作为适应度函数代替仿真系统对设计方案进行评估，减少仿真分析的次数，提高优化效率。本章将采用 Kriging 代理模型，结合卫星仿真平台对 EOSS 进行顶层设计参数优化。

↘ 5.1　Kriging 代理模型及其应用

　　Kriging 模型是由南非地质学者 Danie Krige 于 1951 年提出的一种估计方差最小的无偏估计模型，由一个参数模型和一个非参数随机过程联合构成[145]，它是一种基于统计理论的插值技术[146-147]，以已知样本信息为基础，充分考虑变量在空间上的相关特征，建立对象问题的近似函数关系来预测某一点的未知信息。本节将对 Kriging 代理模型进行详细论述。

5.1.1　基本模型

　　Kriging 作为线性回归分析的一种改进的技术，包含了线性回归部分和非参数部分,而非参数部分将被视作随机过程的实现。假设随机过程服从高斯分布,其中协方差矩阵的系数可以通过最大似然估计法确定,而且线性回归的不同选择对所模拟模型的性质没有很大影响。Kriging 代理模型在某一点进行的模拟要借助于这一点周围的已知变量信息,即通过对这一点一定范围内的信息加权的线性组合来估计这一点未知信息,而加权选择则是通过最小化估计值的误差方差来确定,因此,Kriging 模型被视为最优的线性无偏估计。

根据 DACE(Design and Analysis of Computer Experiment)对 Kriging 代理模型的定义:

$$d = dacefit(S, Y, regr, corr, \theta) \tag{5.1}$$

其中,S 为需要试验的样本点,Y 为样本点所对应的系统响应,$regr$ 为拟合时采用的回归模型,$corr$ 为相关函数模型,θ 为相关函数的系数。因此,为了构建一个 Kriging 模型我们需要明确这五个要素。

假设给定一组设计数据 $S = [s_1, \cdots, s_m]$,且 $s_i \in \mathbb{R}^n$,$Y = [y_1, \cdots, y_m]^T$ 为 S 对应的响应值,且 $y_i \in \mathbb{R}^q$,我们假设这些数据均满足正规化条件:

$$
\begin{aligned}
\mu[\boldsymbol{S}_{:,j}] = 0 \quad & V[\boldsymbol{S}_{:,j}, \boldsymbol{S}_{:,j}] = 1, j = 1, \cdots, n \\
\mu[\boldsymbol{Y}_{:,j}] = 0 \quad & V[\boldsymbol{Y}_{:,j}, \boldsymbol{Y}_{:,j}] = 1, j = 1, \cdots, q
\end{aligned}
\tag{5.2}
$$

其中,$\boldsymbol{S}_{:,j}$、$\boldsymbol{Y}_{:,j}$ 代表矩阵 $\boldsymbol{S}$、$\boldsymbol{Y}$ 中的第 j 列,且 $\mu[.]$ 和 $V[.]$ 分别代表均值和方差。

对 n 维空间 $D \subseteq \mathbb{R}^n$ 上的输入 x 而言,经过确定性响应 $y(x) \in \mathbb{R}^n$,得到的响应值记为 $\hat{y}$,对上述输入输出数据之间进行回归分析,定义回归模型 F 和服从高斯分布的随机过程 $z(x)$,即 $E_l[z(x)] = 0, \sigma_l^2[z(x)] = \sigma_l^2, l = 1, \cdots, q$,因此系统响应值与变量 x 间的关系可以表示为

$$\hat{y}_l(x) = F(\boldsymbol{\beta}_{:,l}, x) + z_l(x), l = 1, \cdots, q \tag{5.3}$$

式(5.3)中,回归模型 F 是一系列 p 阶线性多项式函数 $f_j: \mathbb{R}^n \mapsto \mathbb{R}$ 的线性组合,

$$
\begin{aligned}
F(\boldsymbol{\beta}_{:,l}, x) &= \beta_{1,l} f_1(x) + \cdots + \beta_{p,l} f_p(x) \\
&= [f_1(x), \cdots, f_p(x)] \boldsymbol{\beta}_{:,l} \\
&\equiv f(x)^T \boldsymbol{\beta}_{:,l}
\end{aligned}
\tag{5.4}
$$

式(5.4)中的系数 $\{\beta_{k,l}\}$ 就是回归系数,对随机过程 z 而言,其均值应该为 0,将 $z(w)$ 与 $z(x)$ 的协方差记为 $Cov[z(w), z(x)]$,根据协方差性质有下式成立。

$$Cov[z(w),z(x)] = E[z(w),z(x)] - E[z(w)]E[z(x)] = E[z(w),z(x)] \tag{5.5}$$

根据上面的论述，z 在每个维度上有：

$$E[z_l(w)z_l(x)] = \sigma_l^2 R(\theta,w,x), \quad l=1,\cdots,q \tag{5.6}$$

其中 σ_l^2 是第 l 维的随机过程方差，而 $R(\theta,w,x)$ 是相关模型，相关模型代表与全局模型的局部偏差反映了数据的局部特性，通常采用简单的核函数来构造相关模型，第 5.1.4 节中将详细论述，这里以高斯函数为例，进行简单分析。

$$R(\theta,w,x) = \prod_{k=1}^{l} R_k(\theta_k,w_k-x_k) = \prod_{k=1}^{l} \exp[-(w_k-x_k)/\theta_k^2] \tag{5.7}$$

通过式（5.7）我们发现：如果试验点 w 与 x 离得较近，则它们所对应的输出相关可能性就越大，也就是说两个输入点在第 k 维上的欧氏距离越小。θ 为相关性系数，θ_k 表示第 k 维输入的重要性，θ_k 越大，相关性函数将随距离的增大下降越快。

5.1.2 预测模型

对设计点集合 $S_{m \times n}$，我们可以定义其映射矩阵 F，将其展开为 $m \times p$ 矩阵，而且 $F_{ij}=f_j(s_i)$，则：$F=[f(s_1),\cdots,f(s_m)]^T$，$f$ 的定义如式（5.4）所示。

下面定义随机过程 z 的协方差矩阵 R，其元素定义为

$$R_{ij}=R(\theta,s_i,s_j), i,j=1,\cdots,m \tag{5.8}$$

对于未测试点 x，令 $r(x)=[R(\theta,s_1,x),\cdots,R(\theta,s_m,x)]^T$，为 x 与其他已知点之间的相关向量。为了简化论述过程，我们令式（5.2）中的 $q=1$，即 $\beta=\beta_{:,1}$，且 $Y=Y_{:,1}$，因此式（5.3）就变为

$$y(x)=F(\beta,x)+z(x)=f^T(x)\beta+z(x) \tag{5.9}$$

$f(x)$ 是关于 x 的未知函数，可以是 0 阶、一阶或二阶多项式，β 是未知的需要估计的系数，通常回归模型阶次的选择对模型精度的影响并不显著[148]，$z(x)$ 的定义与 5.1.1 节中相同。

已知一组数据 $\{x_i,y_i,i=1,2,\cdots,n\}$，用式（5.9）所示模型对其进行拟合，可以将模型写成如下形式：

$$y=F\beta+Z \tag{5.10}$$

其中，$F = [f(x_1)^{\mathrm{T}}, f(x_2)^{\mathrm{T}}, \cdots, f(x_n)^{\mathrm{T}}]^{\mathrm{T}}$，而 $f(x) = [f_1(x), f_2(x), \cdots, f_k(x)]^{\mathrm{T}}$，因此 F 是一个 $n \times k$ 的矩阵，且 $F_{ij} = f_j(x_i)$，它分别代表了 n 个初始仿真点，而 k 则是每个点的维数。另外，$\beta = [\beta_1, \beta_2, \cdots, \beta_k]^{\mathrm{T}}$，$Z = [z(x_1), z(x_2), \cdots, z(x_n)]^{\mathrm{T}}$。

定义相关矩阵 $\boldsymbol{R}_{n \times n}$，它代表了随机过程 $z(x)$ 在各点上的相关性，$R_{ij} = R(x_i, x_j)$ 表示第 i, j 个元素间的相关性。

定义 r，它表示待估计点 x 与所有训练样本点 x_i 之间的空间相关性，记为

$$r = [R(x_1, x), R(x_2, x), \cdots, R(x_n, x)]^{\mathrm{T}} \tag{5.11}$$

在式（5.10）的基础上，待估计点 x 的响应值可以由 y 的线性预测 $c^{\mathrm{T}}y$ 表示，即：

$$\hat{y}(x) = c^{\mathrm{T}}y \tag{5.12}$$

为了保证近似过程的无偏性，通常考虑最小线性无偏预测。由于 $E(z) = 0$，可以得出 $E(c^{\mathrm{T}}y) = E[c^{\mathrm{T}}(F\beta + z)] = c^{\mathrm{T}}F\beta$，同理 $E[y(x)] = f^{\mathrm{T}}\beta$。

由此得到无偏条件：

$$F^{\mathrm{T}}c(x) = f(x) \tag{5.13}$$

因此，预测的误差可以表示为

$$\begin{aligned}
\hat{y}(x) - y(x) &= c^{\mathrm{T}}y - y(x) \\
&= c^{\mathrm{T}}(F\beta + Z) - (f(x)^{\mathrm{T}}\beta + z) \\
&= c^{\mathrm{T}}Z - z + (Fc - f)^{\mathrm{T}}\beta \\
&= c^{\mathrm{T}}Z - z
\end{aligned}$$

无偏条件下，预测 $\hat{y}(x)$ 的均方差可以表示为

$$\begin{aligned}
\phi(x) &= E[(\hat{y}(x) - y(x))^2] \\
&= E[(c^{\mathrm{T}}Z - z)^2] \\
&= E[z^2 + c^{\mathrm{T}}ZZ^{\mathrm{T}}c - 2c^{\mathrm{T}}Zz] \\
&= \sigma^2(1 + c^{\mathrm{T}}Rc - 2c^{\mathrm{T}}r)
\end{aligned}$$

为了最小化预测均方差，考虑式（5.13）所示的无偏条件，得到如下的优化模型：

$$\begin{cases}
find & \boldsymbol{c} \\
\min & \phi(x) \\
s.t. & \boldsymbol{F}^{\mathrm{T}}\boldsymbol{c} = \boldsymbol{f}
\end{cases} \tag{5.14}$$

引入 Lagrangian 乘子，变为

$$L(\boldsymbol{c}, \boldsymbol{\lambda}) = \sigma^2 (1 + \boldsymbol{c}^{\mathrm{T}} \boldsymbol{R} \boldsymbol{c} - 2\boldsymbol{c}^{\mathrm{T}} \boldsymbol{r}) - \boldsymbol{\lambda}^{\mathrm{T}} (\boldsymbol{F}^{\mathrm{T}} \boldsymbol{c} - \boldsymbol{f}) \tag{5.15}$$

式(5.15)关于 $\boldsymbol{c}$ 的梯度为

$$L_c'(\boldsymbol{c}, \boldsymbol{\lambda}) = 2\sigma^2 (\boldsymbol{R}\boldsymbol{c} - \boldsymbol{r}) - \boldsymbol{F}\boldsymbol{\lambda}$$

根据方程求解的最优性条件,若式(5.14)有解则需满足:

$$\begin{cases} \boldsymbol{F}^{\mathrm{T}} \boldsymbol{c} = \boldsymbol{f} \\ 2\sigma^2 \boldsymbol{R}\boldsymbol{c} - \boldsymbol{\lambda}\boldsymbol{F} = 2\sigma^2 \boldsymbol{r} \end{cases} \tag{5.16}$$

用矩阵形式可表示为

$$\begin{bmatrix} \boldsymbol{0} & \boldsymbol{F}^{\mathrm{T}} \\ \boldsymbol{F} & 2\sigma^2 \boldsymbol{R} \end{bmatrix} \begin{bmatrix} -\boldsymbol{\lambda} \\ \boldsymbol{c} \end{bmatrix} = \begin{bmatrix} \boldsymbol{f} \\ 2\sigma^2 \boldsymbol{r} \end{bmatrix} \tag{5.17}$$

定义:

$$\tilde{\boldsymbol{\lambda}} = -\frac{\boldsymbol{\lambda}}{2\sigma^2} \tag{5.18}$$

式(5.16)所示方程的解为

$$\begin{aligned} \tilde{\boldsymbol{\lambda}} &= (\boldsymbol{F}^{\mathrm{T}} \boldsymbol{R}^{-1} \boldsymbol{F})^{-1} (\boldsymbol{F}^{\mathrm{T}} \boldsymbol{R}^{-1} \boldsymbol{r} - \boldsymbol{f}), \\ \boldsymbol{c} &= \boldsymbol{R}^{-1} (\boldsymbol{r} - \boldsymbol{F}\tilde{\boldsymbol{\lambda}}) \end{aligned} \tag{5.19}$$

将 $\boldsymbol{c}$ 代回式(5.12),得:

$$\begin{aligned} \hat{y}(x) = \boldsymbol{c}^{\mathrm{T}} y &= \begin{bmatrix} \boldsymbol{f}^{\mathrm{T}} & \boldsymbol{r}^{\mathrm{T}} \end{bmatrix} \begin{bmatrix} \boldsymbol{0} & \boldsymbol{F}^{\mathrm{T}} \\ \boldsymbol{F} & \boldsymbol{R} \end{bmatrix}^{-1} \begin{bmatrix} \boldsymbol{0} \\ \boldsymbol{y} \end{bmatrix} \\ &= \boldsymbol{f}^{\mathrm{T}} \hat{\boldsymbol{\beta}} + \boldsymbol{r}^{\mathrm{T}} \boldsymbol{R}^{-1} (y - \boldsymbol{F}\hat{\boldsymbol{\beta}}) \end{aligned} \tag{5.20}$$

这里, $\hat{\boldsymbol{\beta}} = (\boldsymbol{F}^{\mathrm{T}} \boldsymbol{R}^{-1} \boldsymbol{F})^{-1} \boldsymbol{F}^{\mathrm{T}} \boldsymbol{R}^{-1} y$,当 x 是第 i 个样本点 x_i 时,

$$\hat{y}(x_i) = \boldsymbol{f}^{\mathrm{T}}(x_i) \hat{\boldsymbol{\beta}} + \boldsymbol{r}(x_i)^{\mathrm{T}} \boldsymbol{R}^{-1} (y - \boldsymbol{F}\hat{\boldsymbol{\beta}}) = y_i \tag{5.21}$$

Kriging 是一种插值模型,那么在式(5.20)中只要确定向量 $\boldsymbol{f}(\boldsymbol{x})$ 和 $\boldsymbol{r}(\boldsymbol{x})$,就可以得到这一点的预测响应值。

5.1.3 参数估计

根据回归模型要确定任何一点的预测值,除了需要对参数 β 进行估计外,还需确定参数 σ^2 和 θ, σ^2 和 θ 可以用极大似然估计来计算。

$z(x)$ 服从正态分布(高斯分布),那么 $y(x)$ 也服从正态分布,它的似然函数为

$$\frac{1}{(2\pi)^{n/2} (\sigma^2)^{n/2} |R|^{1/2}} \exp\left[-\frac{(y - \boldsymbol{F}^{\mathrm{T}}\beta)^{\mathrm{T}} \boldsymbol{R}^{-1} (y - \boldsymbol{F}^{\mathrm{T}}\beta)}{2\sigma^2} \right] \tag{5.22}$$

对式(5.14)取对数并去掉常数项,得样本点的对数似然函数为

$$l(\beta,\sigma^2,\theta) = -\frac{n}{2}\ln(\sigma^2) - \frac{1}{2}\ln(|R|) - \frac{(y-F^{\mathrm{T}}\beta)^{\mathrm{T}}R^{-1}(y-F^{\mathrm{T}}\beta)}{2\sigma^2} \quad (5.23)$$

在具体求(β,σ^2,θ)的极大似然估计比较困难时,可以分步求解β和(σ^2,θ)的估计,效果与同时求解差别不大,步骤如下:

步骤1:选定θ的初始值。一般情况下,可以设定$\theta_0=0$。

步骤2:β的极大似然估计。根据$\theta_0=0$,可以求得β的极大似然估计为

$$\hat{\beta} = (F^{\mathrm{T}}R^{-1}F)^{-1}F^{\mathrm{T}}R^{-1}y$$

步骤3:σ^2的极大似然估计。根据$\theta_0=0$,可以求得σ^2的极大似然估计为

$$\sigma^2 = \frac{(y-F\hat{\beta})^{\mathrm{T}}R^{-1}(y-F\hat{\beta})}{n}$$

步骤4:θ的极大似然估计。牛顿叠代法等多种方法可以用来寻找θ的最优解。

将式(5.19)代入预测均方差的求解公式,可以得到:

$$\phi(x) = \sigma^2(1+\tilde{\lambda}^{\mathrm{T}}F^{\mathrm{T}}R^{-1}F\tilde{\lambda}-r^{\mathrm{T}}R^{-1}r) \quad (5.24)$$

5.1.4　相关模型

在 Kriging 代理模型中,服从正态分布的误差不是独立的,而是空间相关的。因此,两个点的相关性与这两个点之间的距离有关,式(5.7)也证明了这一点,所以给定相关函数为

$$R(\theta,x_i,x_k) = \prod_{j=1}^{n} R_j(\theta,x_i - x_k), \quad d_j = |x_i^j - x_k^j| \quad (5.25)$$

上式中,n为样本点个数,x_i^j和x_k^j分别为样本点x_i和x_k的第j个分量,d_j为两个样本点在第j维上的距离,表5.1列出了较常用的相关函数$R_j(\theta,d_j)$。这些函数可以被分为两组:GAUSS、CUBIC、SPLINE,它们在原点附近与抛物线类似,EXP、LIN 以及 SPHERICAL 为第二组,它们在原点附近呈线性,如图5.1所示。而通用指数函数 EXPG 则可呈现两种性质,具体取决于最后一个参数θ_{n+1},当$\theta_{n+1}=1$时表现为指数函数的性质,而当$\theta_{n+1}=2$时为 GAUSS 函数的性质。

表 5.1　常用相关函数

名　　称	$R_j(\theta,d_j)$
EXP	$\exp(-\theta_j \mid d_j \mid)$
EXPG	$\exp(-\theta_j \mid d_j \mid^{\theta_{n+1}})$，$0<\theta_{n+1}\leqslant 2$
GAUSS	$\exp(-\theta_j d_j^2)$
LIN	$\max\{0,1-\theta_j \mid d_j \mid\}$
SPHERICAL	$1-1.5\xi_j+0.5\xi_j^3$，$\xi_j=\min\{1,\theta_j \mid d_j \mid\}$
CUBIC	$1-3\xi_j^2+2\xi_j^3$，$\xi_j=\min\{1,\theta_j \mid d_j \mid\}$
SPLINE	$\begin{cases} 1-15\xi_j^2+30\xi_j^3, & 0\leqslant\xi_j\leqslant 0.2 \\ 1.25(1-\xi_j)^3, & 0.2\leqslant\xi_j\leqslant 1 \\ 0, & \xi_j\geqslant 1 \end{cases}$

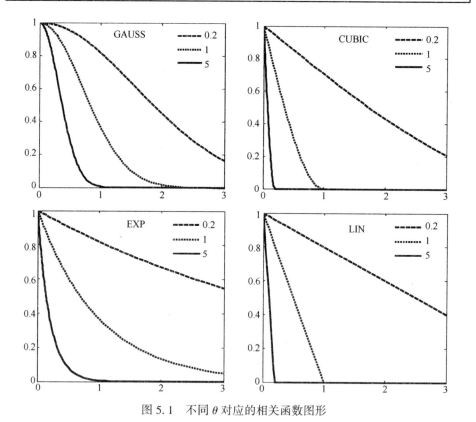

图 5.1　不同 θ 对应的相关函数图形

相关性函数的选择应该是由所拟合的函数或物理过程决定,如果过程是连续可微的,那么其相关性函数在原点呈现抛物线的性质,即可从 GAUSS、CUBIC、SPLINE 中选择,相反则可从 EXP、LIN、SPHERICAL 或 EXPG 中选择。

图 5.1 给出了一维情况下 EXP、CUBIC、LIN 和 GAUSS 四个函数在 3 种不同 θ 值下所对应的函数曲线。可以看出相关性随着两点间距离增加而减小,曲线变化坡度与 θ 值相关,$\theta=5$ 时相关性下降最快,越大的 θ 值代表相关区域越小,即使两点之间的距离很近,它们之间的相关性也较低,这就意味着两个相邻很近的点的响应值可能会相差很大,所以 θ 被理解为变量 x 重要性的一种测量[149]。从图中还可以看出,当两点之间的欧氏距离很小时,LIN 表现为线性行为,所以它比较适合于线性问题,而 GAUSS 表现为抛物线行为,所以适合于连续可微的问题[150]。

对于多维问题,θ 值的数量与变量 x 的维数是一致的,在 θ 值的具体选择上有两种方式:一种是所有分量都取相同的值,这就假定了所有分量有相同的权重,虽然 θ 失去了变量重要性测量的功能,但在多数情况下仍能构建出较好 Kriging 模型[151-152]。另一种是假定所有分量取值可以各不相同,如何取值需要根据变量重要性来决定。

5.1.5　Kriging 代理模型的应用

自 Kriging 模型被提出以后,引起了很多关注,可以用于结构优化、多学科设计优化以及航空航天工程[153],也被用于确定性仿真的 I/O 数据分析。到目前为止,由于其较高的近似精度,Kriging 代理模型已经被用在医疗工程、运筹学、统计等各个学科领域[154]。波音公司开发的 Design Explorer 采用 Kriging 代理模型解决卫星运行过程中可变参数的优化设计,Martin 将该方法应用到航天飞机的设计中,并对比了它与响应面法的计算精度与效率[155]。Lucifredi 对动态的 Kriging 模型和神经网络方法进行了比较,并将其用于水电力系统的预测维护计算中[156]。Sakata 等对大规模抽样的问题作了进一步的改进与发展,并将其应用于薄壁管、机翼等结构的优化设计中[80,157]。Booker 等人开发了 BLGS 程序,应用 Kriging 代理模型解决 31 个变量的飞机转轴结构优化问题[158],王洪涛针对复杂工程优化设计问题提出了基于 Kriging 代理模型的 EGO(Efficient Global Optimization)算法,并通过二杆构架的实例对算法进行了验证[159]。

代理模型在稳健优化设计和可靠度优化中也有广泛的应用。Lee 等人提出了基于 Kriging 代理模型的稳健优化设计方法,并将其应用于震动微回旋装置的结构尺寸优化[160];高月华在 Kriging 代理模型基础上,考虑注塑工艺的不稳定性,对一盒式注塑制件的壁厚和工艺进行稳健优化[161];Koch 等人应用 Kriging 代理模型基于 6σ 准则对海船进行六变量的稳健优化设计[162];Joseph 提出了 Blind Kriging 代理模型,它在试验数据基础上,通过贝叶斯变量选择技术,采用未知的均值模型进行产品优化设计[163]。

目前关于 Kriging 代理模型实现的软件或应用程序主要包括:DACE[164],它主要通过计算机试验数据构建 Kriging 代理模型,进而对未知点进行预测,目前已被封装为 Matlab 的一个工具箱;SUMO(SUrrogate MOdel),它提供了一个灵活的全局代理模型建模框架,包括径向基函数、Kriging 函数、人工神经网络、支持向量机等多种建模方式,可以用于"黑箱"优化、自主优化等[165-167]。

5.2 Kriging 代理模型的更新及评估方法

仿真优化中常用的代理模型多为全局代理模型,然后将所构建的代理模型引入仿真优化算法中代替实际模型进行评价,很多时候这种方式将 Kriging 代理模型的构建从优化算法中独立出来,而忽略了代理模型的更新问题。我们称直接通过仿真数据拟合得到的代理模型为"一步"代理模型,一步构建的代理模型精度较差,需要不断插入更新点对代理模型进行改进。为了提高代理模型的构建效率,减少迭代次数,我们采用多点更新的机制。

5.2.1 Kriging 代理模型的更新

Kriging 代理模型的更新包括单点更新和多点更新,所谓多点更新,即对 Kriging 代理模型更新时一次插入多个点,插值点选择的最根本原则是为了构建精度较高的代理模型。

1. 更新点的选择

Kriging 代理模型的本质是在一定基函数基础上,对给定样本点集进行曲面拟合。因此 Kriging 代理模型的更新实质是对样本点集的更新,即根据当前的拟合曲面,选择一些新的"特征"点,并将这些新点加入原来的样本点集,形成新的样本,我们所要做的工作就是选择这些"特征"点。

当前在相关研究中比较常用的选点准则包括:最小均标准差(Minimal Mean

Square Error)[63]、极大熵策略(Maximum Entropy)[168]、极大极小距离策略(Maximin Distance)、交互验证策略(Cross-Validation，CV)等，这里就不再详细论述，具体见参考文献[63，93]，本书将采用代理模型最优与最大化期望提高相结合的选点机制。

1) 代理模型最优(Global Optimization for Surrogate Model)

顾名思义，代理模型最优即根据当前代理模型，求解其全局最优点(最大或最小)，并将该点作为插值点，加入原来的样本点集中重新构建代理模型，实现对代理模型的更新。代理模型是对真实系统的逼近和模拟，代理模型的最优点也往往是系统的最优点或者局部最优点。

为提高加点的效率，在实际选择时并不限于全局最优，尤其对非线性、多峰值问题而言，局部最优点(local optimum)对函数特征的描述也非常有意义。如图 5.2 所示，函数存在多个极大值点和一个全局最优点(暂不关心极小值)，这些点就是函数的"特征"点，在对其拟合过程中若能抓住这些点，即可对原函数进行描述。因此，在利用代理模型最优准则选点时，我们将同时考虑全局最优和局部最优，利用这些点的计算结果，能够引导优化算法收敛于全局最优点或其附近，这样可以使得到的代理模型更加准确。

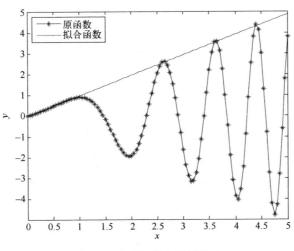

图 5.2　全局最优与局部最优

但"代理模型最优"原则只考虑了预测值，没有考虑到对稀疏区域的搜索以及预测值的不确定性，对于复杂的、多峰值或者样本较少的问题可能会收敛于局部最优解。

2）最大化期望提高（Maximized EI）

在对 Kriging 代理模型进行更新时，我们希望每次插入的点都能够对原来的模型有所改进，我们将这种改进定义为期望提高（Expected Improvement，EI），其实质是相对于当前最优解，某个给定点目标函数值提高的概率[169]。

最大化期望提高是考虑预测值和预测方差加权的一种加点方法：对设计点 x，其响应值在仿真之前是未知的，但我们可以通过 Kriging 代理模型对其进行预测，其预测值和方差分别为 $\hat{y}(x)$、σ^2。

因此，我们将期望提高定义为一个服从方差为 σ^2 的高斯分布，如果当前设计的最优值为 $Y_{\min}$，则任一点期望值提高为（最小化问题）：

$$I(x) = Y_{\min} - \hat{y}(x) \tag{5.26}$$

它服从正态分布，其概率密度函数为

$$\frac{1}{\sqrt{2\pi}\,\sigma(x)}\exp\left[-\frac{(Y_{\min}-I(x)-\hat{y}(x))^2}{2\sigma^2(x)}\right] \tag{5.27}$$

因此提高的期望值为

$$E(I(x)) = \int_{I=0}^{I=\infty} I\left\{\frac{1}{\sqrt{2\pi}\,\sigma(x)}\exp\left[-\frac{(Y_{\min}-I(x)-\hat{y}(x))^2}{2\sigma^2(x)}\right]\right\}\mathrm{d}I \tag{5.28}$$

积分得：

$$E(I) = \begin{cases} (Y_{\min}-\hat{y}(x))\,\Phi\left(\dfrac{Y_{\min}-\hat{y}(x)}{\sigma}\right)+\sigma\phi\left(\dfrac{Y_{\min}-\hat{y}(x)}{\sigma}\right), & \sigma>0 \\ 0, & \sigma=0 \end{cases} \tag{5.29}$$

其中，$\phi(x)$ 和 $\Phi(x)$ 是标准正态分布的概率密度函数和分布函数，该式为两项之和，从式（5.29）中可以看出，要使期望提高较大，必须使 x 的预测值 $\hat{y}(x)$ 小于当前最优值，或是预测值与最优值的变化相对方差 σ 较小（预测的不确定性比较大）。综上，"最大化期望提高"就是要寻找这样一个点：其预测值比当前最优响应值小，并且（或者）存在较大的预测的不确定性。

"最大化期望提高"原则在迭代过程中考虑到了预测标准差，寻找标准差较大的区域，从而有效地在整个设计空间进行搜索，这在某种意义上与最小均标准差原则是类似的。相比"代理模型最优"原则，"最大化期望提高"原则可避免重复搜寻目标函数值较大的区域，以减小函数估计次数并提高计算效率，是对"代理模型最优"原则的补充。因此，本书将采用"代理模型最优"和"最大化期望提高"相结合的策略对代理模型进行更新,通过这两种策略每次迭代都可以得到多个更新点,这些点将作为候选插入点。

2. 更新点的过滤

根据"代理模型最优"原则和"最大化期望提高"原则,我们可以得到多个插值点,但这些点并不能全部用于代理模型的更新,只能作为候选更新点。随着代理模型精度的提高,新得到的更新点将聚集于最优点附近,尤其通过代理模型最优机制所求得的更新点,甚至会重复。因此,需要对这些更新点做进一步的筛选,保证最终的插值点对代理模型精度的改进有较大意义。

基于此,本书定义了单位距离的函数改进 δ 来对候选点进行选择,删除重复的点和 $\delta' < \delta$ 的点,得到最终的插值点集合,这一方面可以控制插值点的数量,另一方面也保证了插值点的质量。

首先,定义两个点之间的闵可夫斯基距离:

$$d(x_i, x_j) = d_{ij} = \left[\sum_{k=1}^{m} |x_{ik} - x_{jk}|^t \right]^{1/t}, \quad t = 1 \text{ 或 } 2 \tag{5.30}$$

对 EOSS 优化问题而言,其参数的取值空间差异较大,因此在计算之前需要先进行归一化,具体方法为

$$\overline{x_i} = (x_i - x_L)/(x_U - x_L) \tag{5.31}$$

其中,x_L 为参数 x_i 所有值中的最小值,x_U 则为最大值。

假设当前代理模型的仿真点集为 X_P,计算 X_P 中各点相互间的距离,得到最小值 $d_{\min}$,令 $d_{\min} = d(m, n)$ 为 x_m、x_n 之间的距离,这两点对应的函数值是已知的(是真实的仿真值),分别记为 y_m, y_n,则称 $\delta = |y_m - y_n|/d_{\min}$ 为单位距离的函数改进。

类似地,对于候选点 x_i,计算其与 X_P 中各点间的距离,取其最小值 $d'_{\min} = d(i, k)$,为 x_i、x_k 之间的距离,如果 $d'_{\min} > d_{\min}$,则点 x_i 可以作为插值点。否则,通过代理模型估计当前点 x_i 的函数值 y_i,并计算 x_i 与 x_k 之间单位距离的函数改进 $\delta' = |y_i - y_k|/d'_{\min}$,如果 $\delta' > \delta$,将点 x_i 作为插值点,否则删除该点。

具体流程如图 5.3 所示。

定义 δ 准则的目的是保证代理模型的样本点间的距离能够足够大,相比极大极小距离准则,δ 还考虑了样本点所对应的函数值,因此该机制并不是一味地控制样本点间的距离,更多地是从插值点对代理模型整体精度的改进出发。通过 δ 对候选点进行过滤,既可以控制插入点的数量,同时也能保证插入的质量,保证它们对代理模型的更新比较有意义。

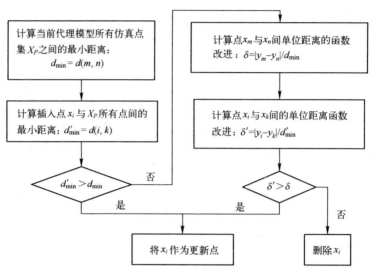

图 5.3 Kriging 代理模型更新点的选择

5.2.2 代理模型拟合精度的评估

代理模型是对复杂分析模型的近似和模拟,在求出代理模型的近似参数后,需要对其进行统计检验,评估其对真实模型或系统的逼近程度,这种逼近程度被定义为拟合精度。除了拟合精度,拟合效率也是影响代理模型应用的关键。因此,将从拟合精度和拟合效率两方面对代理模型进行评估,其中拟合精度表征代理模型的准确度,而拟合效率则表征代理模型的计算代价。

现有的拟合精度检验以当前拟合模型为基础,通过再采样数据,比较模型响应值与真实值之间的差异,常用的检验准则包括:

相对平均绝对误差(Relative Average Absolute Error,RAAE):

$$RAAE = \frac{\sum_{i=1}^{n} |y_i - \hat{y}_i|}{\sqrt{n \sum_{i=1}^{n} (y_i - \bar{y}_i)^2}} \tag{5.32}$$

相对最大绝对误差(Relative Maximum Absolute Error,RMAE):

$$RMAE = \frac{\max_{i=1,\cdots,n} |y_i - \hat{y}_i|}{\sqrt{\frac{1}{n} \sum_{i=1}^{n} (y_i - \bar{y}_i)^2}} \tag{5.33}$$

其中,n 为用于模型验证的再采样样本量,y_i 为真实响应值,$\hat{y}_i$ 为根据代理模型得到的预测值。RAAE 用于度量代理模型在自变量整个变化范围内的拟合精度,是一个全局指标,而 RMAE 用于度量代理模型的局部拟合精度,是一个局部指标。

代理模型的拟合效率取决于多方面的因素,包括采样数据量的大小、代理模型类型与形式、计算机的速度等。一般说来,对代理模型精度的要求越高,其建模及预测的时间开销就越大。实际应用中应该根据问题需求,对代理模型精度与拟合效率进行综合评价,根据工程经验,若 $RAAE<5\%$、$RMAE<10\%$,则代理模型可被接受。

5.2.3　面向 EOSS 优化的 Kriging 代理模型

通过第 2 章的分析,我们已经了解了 EOSS 顶层设计参数优化问题的复杂性,若通过代理模型来对其性能进行近似,则 Kriging 代理模型必须有足够的精度,而且能够反映系统的基本性能属性。对 EOSS 顶层设计参数优化问题而言,其设计变量较多,而且设计变量的取值范围变化较大,变量间存在交互作用,这决定了问题的设计空间非常复杂,表现为非线性、多峰值。

因此,在 Kriging 代理模型的构建过程中必须保证所选择的样本点能够反应设计空间的整体趋势。另外,EOSS 仿真是一个比较费时的工作,尤其随着系统规模的扩大,单次仿真所需要的时间呈指数增长,应尽可能限制仿真的次数。综上,在构建和求解面向 EOSS 顶层设计参数优化的 Kriging 代理模型时,必须:

(1) 采用全局搜索能力较强的搜索算法,避免陷入局部最优;

(2) 控制更新样本点的数目,不能用大量样本点换取拟合精度。

针对此,提出了如图 5.4 所示的 Kriging 代理模型构建和求解框架:首先,采用第 4 章论述的综合拉丁方试验设计方法抽取初始采样点,根据这些的仿真输出,构建"一步"Kriging 代理模型。显然,需要对该模型进行更新:采用代理模型最优和最大化 EI 相结合的机制选择候选插值点,采用 5.2.1 节中定义的 δ 测度对所有插值点进行过滤,然后通过不断迭代对代理模型进行更新,直至满足终止条件。

通过上述步骤可以实现对代理模型的构建,针对 Kriging 代理模型的优化及每种更新点的选择,我们也分别提出了不同的求解方法:以改进广义模式搜索算法为框架,通过遗传算法求解当前代理模型的全局最优点,通过序列二次规划算法求解局部最优点和最大化 EI,这些算法的具体实现将在下一节中进行详细论述。

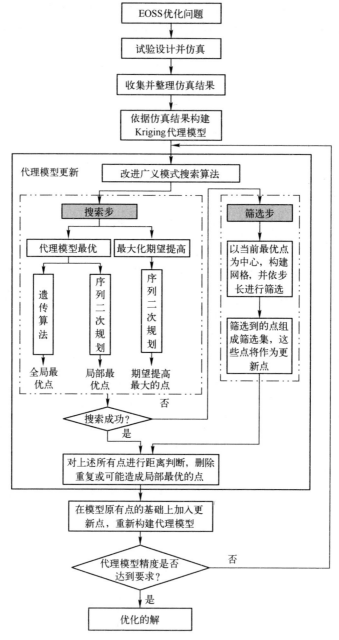

图 5.4　Kriging 代理模型的构建及优化框架

5.3　基于改进广义模式搜索的 Kriging 代理模型求解方法

针对 EOSS 顶层设计参数优化问题,上一节提出了基于改进广义模式搜索算法的 Kriging 代理模型构建及优化框架,本节将对框架及其具体实现方法进行论述。

广义模式搜索算法(Generalized Pattern Search, GPS)是一类用于非线性约束优化问题的直接搜索算法[170]。算法在一个方向集上选取不同点进行函数值比较,并非利用梯度信息获取函数的下降方向,通过不断改进迭代步长加速算法收敛。广义模式搜索算法包括两个步骤:搜索步(Search Step)和筛选步(Poll Step),本书分别对搜索步和筛选步进行了改进,在 Kriging 代理模型基础上提出了针对 EOSS 优化问题的改进广义模式搜索算法(Improved Generalized Pattern Search, IGPS)。

5.3.1　IGPS 搜索步

在 GPS 算法中,搜索步是通过网格进行搜索的,即首先定义网格,然后根据预定义的方向集来生成并估计网格上的有限个点,以寻找改进的网点。而本书的搜索步是在代理模型基础上进行的:通过遗传算法寻找代理模型的全局最优点,采用序列二次规划算法寻找代理模型的局部最优点和期望提高较大的点。

5.3.1.1　遗传算法

遗传算法(Genetic Algorithm, GA),最早由美国密歇根大学的 Holland 教授提出,起源于 60 年代对自然和人工自适应系统的研究,70 年代 De Jong 基于遗传算法的思想在计算机上进行了大量的纯数值函数优化计算实验,在一系列研究工作的基础上,80 年代由 Goldber 进行归纳总结,形成了遗传算法的基本框架[171]。

GA 利用自然界物竞天择、适者生存的原理,通过将优化参数组合成个体的染色体,以目标函数为"适应度"来选择个体,通过染色体间的选择、交叉和变异,使个体的"适应度"逐步提高,最终在搜索范围内找到最优目标。与自然界相似,GA 对所求解的问题本身一无所知,它通过随机方式产生若干个所求解问题的数字编码,即染色体,形成初始群体;而后通过适应度函数对每个个体进行评价,淘汰适应度低的个体,选择高适应度的个体参加遗传操作,形成下一代新的种群,然后对这个新种群进行下一轮进化,直至找到满意解。

图 5.5 给出了基本遗传算法的求解过程,具体如下:

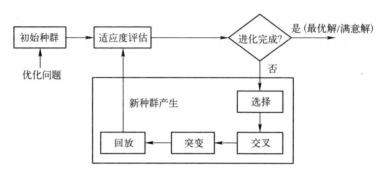

图 5.5　基本遗传算法的过程和操作

（1）初始化种群;

（2）计算群体上每个个体的适应度值,并判断是否满足结束条件,若满足则转(7),否则继续往下执行;

（3）按由个体适应度值所决定的规则选择将进入下一代的个体;

（4）按一定概率 P_C 进行交叉操作;

（5）按一定概率 P_M 进行突变操作;

（6）通过上述操作,得到一个新的种群,转(2);

（7）输出种群中适应度值最优的染色体作为问题的满意解或最优解。

我们采用 GA 对当前代理模型进行求解,以搜索其全局最优点,之所以采用遗传算法,主要考虑到它具有较好的全局寻优能力。GA 的多点搜索和概率搜索技术可以在很大程度上克服传统优化算法容易陷入局部最优的缺点,能够较快获得模型的全局最优解。

本书的遗传算法采用 Matlab 的 GA 工具箱实现,其适应度函数由所构建的代理模型决定,变量数则由问题规模确定。算法采用二进制编码,初始种群通过正交试验设计的方式产生,具体参数设置为:种群规模 $N_{gen}=20$,交叉概率 C_p = 0.8,变异概率 M_p = 0.1,较大的变异概率可以保证算法跳出局部最优,最大迭代次数 $N_{Iter}=300$,同时还在遗传算法中加入了精英策略,每次迭代中精英保留个数为 $N_E=2$,通过精英策略可以加速算法的收敛。在具体应用中,可以根据问题的实际进行设置。

5.3.1.2　序列二次规划算法

序列二次规划算法（Sequential Quadratic Programming，SQP），最早源于 1963 年 R. B. Wilson 的 Newton-Lagrange 方法[172]，SQP 的一般形式如下：

对于非线性约束优化问题（NLP）：

$$\begin{aligned} \min \quad & f(x) \\ \text{s. t.} \quad & c_i(x)=0 \quad i\in E=\{1,2,\cdots,m_e\} \\ & c_j(x)\geqslant 0 \quad j\in I=\{m_e+1,\cdots,m\} \end{aligned} \tag{5.34}$$

设 x_k 是当前问题（NLP）的迭代点，通过求解二次规划问题：

$$\begin{aligned} \min \quad & \partial f(x_k)^{\mathrm{T}}d+\frac{1}{2}d^{\mathrm{T}}H_k d \\ \text{s. t.} \quad & c_i(x_k)+\partial c_i(x_k)^{\mathrm{T}}d=0 \quad i\in E \\ & c_j(x_k)+\partial c_j(x_k)^{\mathrm{T}}d=0 \quad j\in I \end{aligned} \tag{5.35}$$

可以得到一个搜索方向 d_k，经过线性搜索求得步长 a_k，于是下一个迭代点 $x_{k+1}=x_k+a_k d_k$，然后在 x_{k+1} 基础上继续求解，直到得到优化的解，这就是 SQP 算法的一般过程[173]。

序列二次规划算法将原问题转化为一系列二次规划子问题来获得原问题的最优解，每次迭代都用近似原非线性规划问题的二次规划来求解搜索方向[174]。对于给定的初值 x_k、B_k，$k=0$，通过求解由原问题确定的二次规划子问题确定搜索方向 d_k，$x_{k+1}=x_k+d_k$，因此初始解的不同将导致不同的最终解。

考虑到 EOSS 优化问题高维、多峰的特点，本书将多次调用它进行求解，每次设置不同的初始解。

5.3.2　IGPS 筛选步

当改进广义模式搜索算法的搜索步失败时进行筛选步。由于算法在搜索步中没有按照传统的网格进行搜索，因此筛选之前先进行网格定义：设 D 是一个有限矩阵，它的列构成 $\mathbb{R}^n$ 中的一个正跨越集，所谓正跨越集就是 $\mathbb{R}^n$ 中的任何一个向量都可以由 D 中的列向量的非负线性组合表示：

$$\{r\in \mathbb{R}^n \mid r=a_1 d_1+\cdots+a_i d_i, \forall i,a_i\geqslant 0\}$$

矩阵 D 可以由下式表示：$D=GZ$，$G\in R^{n\times n}$ 是可逆矩阵，$Z\in \mathbb{Z}^{n\times|D|}$ 是满秩的正数矩阵，D 中的任一列都可表示为 $d_i=Gz_j$，z_j 是 Z 中的一列，那么，以 x_k 为迭代点的网格可以表示为

$$M_k = \{x_k + \Delta_k^m Dz : z \in \mathbb{Z}_+^{|D|}\} \tag{5.36}$$

其中，Δ_k^m 为网格参数，控制网格的大小。

在上述网格基础上可以进行筛选步，这个过程将围绕当前解 x_k 进行函数值估计。即在 x_k 处的一个筛选集上进行函数评估，如果筛选步也没有发现改进的网点，则称 x_k 为网格的局部最优解，然后令 $x_{k+1} = x_k$，更新网格参数 Δ_{k+1}^m，使网格加密。如果在上述两步中的任一过程中发现了改进的网点，即 $f(x_{k+1})$ $< f(x_k)$（对于最小化问题），则网格大小的参数将增加或不变，否则重复上述过程。

筛选步决定了算法的收敛性，因此要严格选择筛选点，所有筛选点构成筛选集，定义如下：

$$P_k(x_k) = \{x_k + \Delta_k^m d : d \in D_k \subseteq D\} \tag{5.37}$$

D_k 是 D 的某个正跨越矩阵，本书关于 D 的定义相对简单，与搜索空间的维数 n 紧密相关：$D = [I_{n \times n} - I_{n \times n}]$，其中 $I_{n \times n}$ 为 n 维单位矩阵，由 D 所定义的搜索方向为 $2n$，Δ_k^m 则由算法的具体迭代过程决定。选取正跨越矩阵的目的是当 x_k 不是最小点时，至少能找到一个下降方向，称估计 $f(x_k + \Delta_k^m d)$ 为在方向 d 上进行的筛选。

考虑到求解效率，本书采用动态非完全筛选方式，即优先仿真函数值较优的点，一旦找到改进点，则终止筛选。因此，筛选集中点的排序非常重要，而这个排序需借助搜索步所建立的代理模型，通过将筛选集代入代理模型进行评估并排序，动态筛选方式可极大地减少仿真次数。

虽然算法以代理模型的精度为终止准则，在实际运行中为了限制仿真次数，我们设置了一个最大仿真次数 N_{Sim}，当实际的仿真次数超过 N_{Sim} 时，算法将被强制终止。

筛选步实质上就是以当前最优点为中心所进行的随机、局部搜索，这种搜索以当前代理模型为基础，非完全动态搜索过程将尽量减少额外的增加计算量。为了说明筛选步的过程，图 5.6 示意了筛选步如何指导算法获取改进点。首先根据代理模型最优和最大化期望提高原则，得到全局最优点 A 和期望提高最大的点 C，分别求解 A、C 的真实值 A'、C'，此时 C' 为当前最优解（最大化）；然后以 C' 点为中心构建网格，通过筛选步得到局部最优点 B，对其仿真分析得到真实较优点 B'。从图 5.6 中可以看出，这些点都对应为真实的"最优解"，因而对代理模型精度提高有较大的帮助。

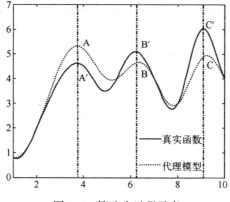

图 5.6　筛选步过程示意

5.3.3　IGPS 算法步骤

假设系统变量为 $X=(x_1,\cdots,x_k)$，系统的响应变量为 Y。首先通过综合拉丁方试验设计生成 $n \times k$ 的仿真方案，即选择 n 个样本点进行仿真，得到 n 组对应的输入输出数据 (X_i, Y_i)。在此基础上，通过 Kriging 代理模型对仿真数据进行拟合，并计算最大化系统响应所对应的输入组合。

根据上述几节的论述，本书 Kriging 代理模型的构建及优化可以概述如下：

步骤 1： 仿真所得到的 n 组仿真数据构成初始样本点集 S_0，根据 S_0 构建"一步"Kriging 代理模型 f。本书采用 0 阶回归模型作为预测函数，采用表 5.1 中的 GAUSS 函数构造相关模型。

步骤 2： 初始化当前最优点 $X_k \in \Omega (k=0)$、终止网格大小 $\Delta^{\min}$、最大仿真次数 N_{Sim}、正扩展基 D 和初始网格参数 Δ_k^m，由 D 和 Δ_k^m 生成网格 M_k。

步骤 3： 根据 IGPS，分别执行搜索步和筛选步，对 Kriging 代理模型进行更新。

步骤 3.1： Search，根据当前代理模型分别通过 GA 和 SQP 选择代理模型最优点和最大化期望提高的点，组成候选插值点集 X_{Sel}。

步骤 3.2： 通过当前 Kriging 代理模型对 X_{Sel} 进行预测，然后依据 δ 准则对这些点进行过滤，得到插值点集 X_{Ins}。若 $X_{\text{Ins}} \neq \varnothing$，则对 X_{Ins} 内的点进行仿真，并将仿真结果作为新的样本点加入 S_0，然后更新 Kriging 代理模型，并重复步骤 3.1；否则转步骤 3.3。

步骤 3.3： Poll，判断当前仿真次数是否大于 N_{Sim}，若大于则优化结束。否则

在当前网格 M_k 上,生成当前最优点的邻域筛选集 $P_k(X_k)$,并依代理模型的预测值对 $P_k(X_k)$ 进行排序,依次仿真分析筛选集中的点,直到找到改进点。

步骤 3.4:精度检验,判断网格大小是否小于 Δ^{min} 或仿真次数是否大于 Sim_{max},任一条件成立则转步骤4,否则进入步骤3.5。

步骤 3.5:参数更新,如果 Poll 成功,更新当前最优点 x_{k+1} 并使 $\Delta^m_{k+1} \geqslant \Delta^m_k$,重复步骤3;如果 Poll 失败,且筛选集中所有样本点的仿真值大于当前最优点,更新当前迭代点 $x_{k+1} = x_k$ 并使 $\Delta^m_1 \leqslant \Delta^m_0$,缩小网格,重复步骤3.3作进一步的筛选。

步骤 4:取当前最优点 x_k 为最终优化结果,优化结束。

5.4 测试实例

在将本书优化方法应用于实际问题之前,我们先通过标准测试函数来检验本书方法的精度及有效性。这些测试函数在计算复杂性上远小于实际问题,但是作为国际通用的测试实例,它们能够很好地测试算法的寻优能力。

5.4.1 测试函数集

我们选取了 4 种不同的测试函数[175]对本书算法进行测试,基本上这些函数都存在多个局部最优值,其中 Branin 函数、Shubert 函数具有多个全局最优点,而 Shekel 函数和 Goldstein 函数只有一个全局最优点。通过这几个典型函数,可以测试算法的全局搜索能力和求解效率。

1. Branin 函数

Branin 函数具有 3 个全局最优点,其表达式如下所示:

$$f = h + a(x_2 - bx_1^2 + cx_1 - d)^2 + h(1-e)\cos x_1 \tag{5.38}$$

其中:$a=1,b=\dfrac{5.1}{4\pi^2},c=\dfrac{5}{\pi},d=6,h=10,e=\dfrac{1}{8\pi}$,各变量的取值空间为 $x_1 \in [-5,10],x_2 \in [10,15]$。该函数全局最优点所对应的自变量取值 (x_1,x_2) 分别为:$(-\pi,12.275)$、$(\pi,2.275)$、$(9.42478,2.475)$,函数值为 $f(x_1,x_2)=0.397887$。

函数图像如图 5.7 所示。

2. Shubert 函数

Shubert 函数也是一个 2 变量函数,该函数是一个非常复杂的函数,具有 760 个局部最小点和 18 个全局最小点,函数表达式如式(5.39)所示:

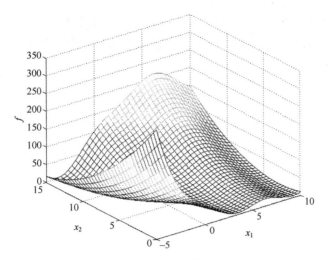

图 5.7　Branin 函数示意

$$f = \sum_{i=1}^{5} i\cos\left[(i+1)x_1 + i \right] \sum_{i=1}^{5} i\cos\left[(i+1)x_2 + i \right],$$
$$x_1 \in \left[-10,10 \right], x_2 \in \left[-10,10 \right] \tag{5.39}$$

该函数的最小值为-186.73,对应多个全局最优点,这里不再列出,具体可以参见文献[176],函数的具体取值如图 5.8 所示。

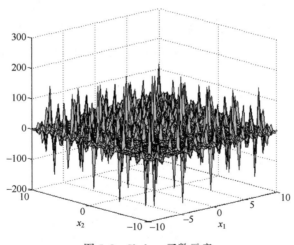

图 5.8　Shubert 函数示意

3. Shekel 函数

Shekel 函数依据其系数的不同,包括 Shekel 函数 5、Shekel 函数 7、Shekel 函

数 10,分别包含 4、6、9 个局部最优点,而且这三个函数都是 4 维的。这里我们采用 Shekel 函数 7 进行测试,函数具体通过式 (5.40) 进行计算:

$$f = -\sum_{i=1}^{m} \frac{1}{(x - A_i)(x - A_i)^{\mathrm{T}} + c_i} \qquad (5.40)$$

其中:$m = 7, A = \begin{bmatrix} 4 & 4 & 4 & 4 \\ 1 & 1 & 1 & 1 \\ 8 & 8 & 8 & 8 \\ 6 & 6 & 6 & 6 \\ 3 & 7 & 3 & 7 \\ 2 & 9 & 2 & 9 \\ 5 & 5 & 3 & 3 \end{bmatrix}$ $c = \begin{bmatrix} 0.1 \\ 0.2 \\ 0.2 \\ 0.4 \\ 0.4 \\ 0.6 \\ 0.3 \end{bmatrix}$。$A_i, c_i$ 分别返回矩阵 A, c 的第 i 行,

Shekel 函数 7 的取值范围为:$x_i \in [0,7]$。该函数的全局最优点为 $x^* = (4,4,4,4)$,$f(x^*) = -10.4029$,由于维数的关系,此处就不再给出函数的图像。

4. Goldstein 定价函数

Goldstein 函数是一个典型的 2 变量全局最优函数,它包括 3 个局部最优点和 1 个全局最优点,函数表达式如下所示:

$$f = ab$$
$$a = (1 + (x_1 + x_2 + 1)^2 (19 - 14x_1 + 3x_1^2 - 14x_2 + 6x_1 x_2 + 3x_2^2)) \qquad (5.41)$$
$$b = (30 + (2x_1 - 3x_2)^2 (18 - 32x_1 + 12x_1^2 + 48x_2 - 36x_1 x_2 + 27x_2^2))$$

上式中函数的变量取值范围为:$x_1 \in [-2,2]$,$x_2 \in [-2,2]$,函数的全局最优点为 $f(x_1, x_2) = 3.0, (x_1, x_2) = (0, -1)$,其函数图形如图 5.9 所示。

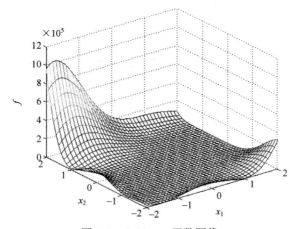

图 5.9　Goldstein 函数图像

5.4.2　优化结果分析

针对上述 Benchmark 问题,我们将采用 5.3 节中提出的 Kriging 代理模型进行求解,并以 Branin 函数(3 个全局最优点)和 Goldstein 函数(1 个全局最优点)为例进行重点分析,通过这两个例子可以测试算法的全局搜索能力,同时列出了其他两个函数的优化结果。

对每个测试函数,首先通过综合拉丁方试验设计方法选择采样点,然后在这些采样点的基础上构建 Kriging 代理模型,并通过代理模型对函数进行求解。对每个函数,共进行 4 组试验,每组试验的初始采样点 N_0 分别为:30、40、50、60,每组试验运行 10 次,从中选取最优的一次结果作为最终结果。另外,为了验证模型的拟合精度,在优化结束后,我们将在原来仿真点的基础上,通过随机抽样的方式选择额外的 20 个点(即公式(5.33)中 $n = 20$),并用所构建的 Kriging 代理模型对这 20 个点进行预测,然后结合原函数计算 RAAE 和 RMAE。

优化过程中的算法参数设置如表 5.2 所示。

表 5.2　参数设置

参　　数	意　　义
$N_{gen} = 25$	GA 的初始种群数
$P_c = 0.8$	GA 的交叉概率
$P_M = 0.1$	GA 的变异概率
$N_{Iter} = 300$	GA 的最大进化次数
$N_E = 2$	GA 的精英数
$\Delta_0^m = 0.2$	IGPS 的初始网格参数
$N_{Sim} = 205$	优化过程的最大仿真次数

1. Branin 函数

Branin 函数包括两个未知变量,通过上述步骤对函数进行优化,表 5.3 列出了 4 组试验的结果,其中 f 为求解的最优值,$Error$ 为所求最优值与实际最优值之间的误差,N_{Total} 为总仿真次数,是初始抽样点和求解过程中新增样本点之和。

$$Error = \left| (f - f^*)/f^* \right| \tag{5.42}$$

Branin 函数的真实全局最小值为 0.397887,因此从表 5.3 中的结果可以看出:

(1)本书的 Kriging 代理模型具有较好的全局搜索能力,基本上能够找到函数的真实最优点,f 的值非常接近 0.397887,最大误差为 0.000125%。

表 5.3　Branin 函数的计算结果

	初始点个数 N_0			
	30	**40**	**50**	60
x_1	−3.14141	**9.42480**	**9.42480**	3.14157
x_2	12.27461	**2.4750**	**2.4750**	2.2751
f	0.3978875	**0.3978874**	**0.3978874**	0.3978874
$Error(\times 10^{-5})$	0.1257	**0.1005**	**0.1005**	0.1005
N_{Total}	134	**138**	**147**	160
RAAE	0.069	**0.056**	**0.0097**	0.0057
RMAE	0.287	**0.214**	**0.031**	0.0173

（2）算法在搜索的过程中具有一定的随机性,虽然方法能够逼近函数的真实最优点,但是不同试验所得到的最优点并不相同,如试验 1、2、4(或 1、3、4)分别对应于 3 个不同的点,当然这 3 个点也对应为函数的真实最优。

（3）随着初始采样点个数的增加,Kriging 代理模型的 RAAE 值越来越小,这说明模型的拟合精度越来越高。

（4）对比总仿真次数 N_{Total} 发现,在不同初始点个数情况下,N_{Total} 的增加略等于初始点个数的增加,这说明对于维度较低的优化问题,应选择合适的仿真次数,既保证优化解的质量,同时又尽量减少仿真次数。

另外,对比试验 2 与试验 3,虽然二者所得到的最优解是同一个点,但从模型精度上试验 3 明显好于试验 2,这是因为试验 3 的初始仿真点更多,因而初始代理模型的精度更高。图 5.10 分别给出了 Branin 函数的初始代理模型和最终代理模型,对比 Branin 函数的原始模型,可以发现最终代理模型能够较准确地拟合原函数,而"一步"Kriging 代理模型的精度较差。

2. Goldstein 函数

Goldstein 函数只有一个全局最优点,其优化结果如表 5.4 所示。图 5.11 分别给出了 Goldstein 函数的初始代理模型和最终代理模型。通过分析表 5.4 中的数据我们可以得到与 Branin 函数类似的结论:随着初始点数目的增加,所构建 Kriging 代理模型的精度越来越高,这可以从代理模型的精度评估指标 RAAE、RAME 上看出,图 5.12 证明了这一点;但是通过对比总仿真次数,还可以发现,算法具有一定的随机性。尤其试验 2 只通过 98 次仿真就得到了最优解,因为在利用序列二次规划算法求解局部最优点和期望提高较大的点时,其初始解是随机生成的,这种随机性也因此被引入代理模型更新点的选择过程中。

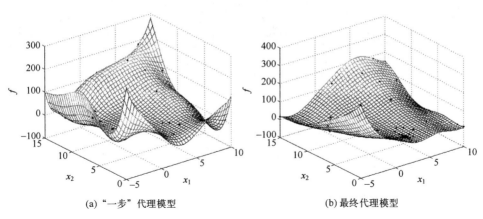

(a) "一步" 代理模型　　　　　　　　　(b) 最终代理模型

图 5.10　优化前后的代理模型对比

表 5.4　Goldstein 函数的优化结果

	初始点个数 N_0			
	30	40	50	60
x_1	-6.51042×10^{-5}	0	-3.9×10^{-5}	0
x_2	-0.99993	-1	-1.000078	-1.000065
f	3.0000038	3.000002	3.0000018	3
$Error(\times10^{-5})$	0.1267	0.0667	0.0600	0
N_{Total}	169	98	171	165
RAAE	0.025	0.019	0.0078	0.0055
RMAE	0.113	0.092	0.0605	0.0127

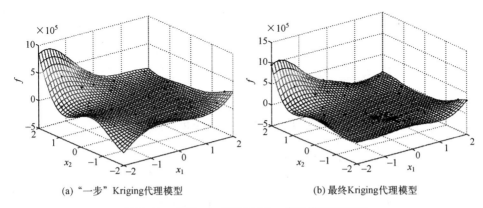

(a) "一步" Kriging代理模型　　　　　　(b) 最终Kriging代理模型

图 5.11　Goldstein 函数 Kriging 代理模型的对比

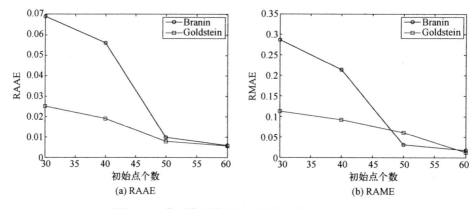

(a) RAAE   (b) RAME

图 5.12　代理模型精度与初始样本点之间的关系

图 5.13 以 Branin 函数为例,给出了 4 组优化所对应的函数求解过程,从图中的曲线走势我们可以发现,本书的 Kriging 代理模型能够较快地收敛到最优解,这从另外一个侧面证明了本书算法的求解效率。

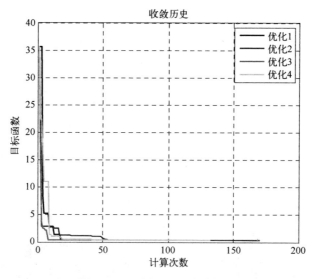

图 5.13　不同试验的收敛历史

3. 另外两个函数的优化结果

1) Shubert 函数

Shubert 函数在由 $x_1 \in [-10,10]$,$x_2 \in [-10,10]$ 所构成的函数空间上,具有 760 个局部最优点和 18 个全局最优点,其函数形状非常复杂,图 5.8 证明了这一点。因此,要精确地拟合该函数非常困难。在求解过程中我们不可能仿真如此多的点,这就导致代理模型的整体精度较差,针对 Shubert 函数我们不再计算其 RAAE 和 RMAE,优化结果如表 5.5 所示。

表 5.5　Shubert 优化结果比较

	初始点个数			
	30	40	50	60
x_1	2.43323	2.99902	7.61992	1.33665
x_2	1.74244	−6.99160	8.02559	2.65573
f	−186.73089	−186.72922	−186.72949	−186.73008
$Error(\times 10^{-5})$	0.4766	0.4177	0.2731	0.0428
N_{Total}	114	133	158	160
RAAE	—	—	—	—
RMAE	—	—	—	—

但本书代理模型的更新机制可以保证模型在某个最优点附近的精度较高,表 5.5 中的结果证明了这一点。4 次优化,分别得到问题空间中的 4 个点,但是从函数值 f 和计算误差 $Error$ 可以看出,这 4 个点非常接近真实最优(共有 18 个点),再次证明了本书方法具有极好的全局寻优能力。

2) Shekel 函数

相比其余 3 个函数(2 变量),Shekel 函数 7 的维度要高一些(4 变量),表 5.6 显示了 Shekel 函数的优化结果。从数值上看优化结果并不理想,尤其前两组优化的偏差较大,第 1 组优化的误差更是达到了 73.41%。而且这 4 组试验的最大仿真次数均为 205,这个值等于算法所允许的最大仿真点数 N_{Sim},也就是说优化过程是被强制终止的。而根据 RAAE<5%、RMAE<10% 的标准,这 4 组优化均不符合要求,虽然第 4 次优化已经比较接近真实最优($f^* = f(4,4,4,4) = 10.4029$)。

表 5.6　Shekel 函数的优化结果 1

	初始点个数			
	30	40	50	60
x_1	3.000977	4.994531	4.994792	3.981838
x_2	7.000586	4.995313	4.993750	4.010311

(续)

	初始点个数			
	30	40	50	60
x_3	3.000391	3.006250	3.005208	4.000666
x_4	7.000195	3.007031	3.006250	3.991152
f	2.765897	3.724297	3.724268	10.351531
Error	0.7341	0.6420	0.6420	0.0049
N_{Total}	205	205	205	205
RAAE	1.27	1.21	1.04	0.75
RMAE	4.24	3.18	2.06	1.18

由此可以看出,随着问题设计空间和问题复杂性的增大,为了得到精度较高的代理模型,需要更多的仿真点,无论是初始采样点还是总的仿真点。针对 Shekel 函数 7,我们引入了另外的两组优化,将初始采样点分别设为 80、100,最大仿真次数 $N_{Sim}=400$,其优化结果如表 5.7 所示。明显地,求解精度有了很大的改进,但是仿真的次数也明显增加。

表 5.7 Shekel 函数的优化结果 2

	初始点个数	
	80	100
x_1	4.000000	4.000000
x_2	4.000000	4.000000
x_3	4.000000	4.000000
x_4	4.007812	4.000000
f	10.402819	10.402847
Error($\times 10^{-5}$)	0.7786	0.5095
N_{Total}	317	359
RAAE	0.34	0.04
RMAE	0.87	0.21

对比分析上述几个实例的优化过程和优化结果,可以发现本书的 Kriging 代理模型具有较好的全局搜索能力,在对问题进行近似和拟合时能够抓住问题的"特征"点(一般对应极值点)。当问题较简单时(Branin 函数和 Goldstein 函数),本书的模型可以很好地对函数进行近似,拟合精度很高;当问题较复杂时

（Shubert 函数呈现高度非线性、Shekel 函数维数较高），虽然其 Kriging 代理模型的整体精度不高，但是模型却能较好地对其最优点进行近似，其近似误差都控制在 1×10^{-5} 之内。这些特性可以保证本书的 Kriging 代理模型对高维、非线性问题具有较好的近似特性，因而可以用于对地观测卫星系统 OTDP 问题的仿真数据处理。

5.5　本章小结

本章针对 EOSS 仿真数据的处理，研究了基于多点更新的 Kriging 代理模型的构建和优化方法；为了提高求解的效率和 Kriging 代理模型的精度，我们提出了代理模型最优和最大化期望提高相结合的代理模型更新机制，引入了基于函数改进的插值点过滤机制，并在此基础上提出了基于改进广义模式搜索算法的求解框架。在 IGPS 中搜索步通过 GA 和 SQP 实现，筛选步通过基于网格的动态、非完全筛选实现。通过对标准测试函数的优化发现，本书 Kriging 代理模型具有较好的全局搜索能力和较高的拟合精度，因而可用于 EOSS 顶层设计参数优化问题的仿真数据处理。

第 6 章
应用实例

在前面章节理论研究的基础上,设计了两个具体的仿真实例①:通过对仿真结构、流程、优化过程以及优化结果的分析,介绍了本书方法在 EOSS 顶层参数优化中的应用。通过与实际场景的结合,进一步考虑了现实优化中的可行性、使用约束等,在更贴近实际应用背景的条件下验证本书提出方法的有效性,为实际的 EOSS 顶层设计参数优化问题提供了参考案例。

↘ 6.1 仿真结构及流程控制

根据问题求解框架,设计了仿真实验的主要功能单元,包括系统分析单元、仿真方案生成单元、仿真试验单元、仿真数据收集与处理单元、代理模型优化单元、评估验证单元以及优化结果展示单元,各单元之间的相互关系如图 6.1 所示。

上述七个单元互相协同、互相配合,共同支撑着本书仿真试验的流程,具体各软件单元的功能如下:

> ➤ 系统分析单元:本单元通过一系列初步仿真试验,借助方差分析、回归分析等技术,识别影响 EOSS 性能指标的关键因素,剔除与优化指标无关或关系较小的因素,为进一步的仿真优化奠定基础。

---

① 本书实例中相关背景和数据在实际应用基础上进行了适当技术处理。

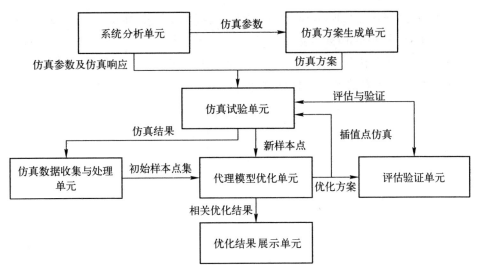

图 6.1　仿真实验的结构组成

- ➤ 仿真方案生成单元:本单元以综合拉丁方试验设计为基础,生成满足用户需求的系统仿真方案,并对所生成的方案进行评价、分析。

- ➤ 仿真试验单元:根据优化需求构建和生成 EOSS 仿真场景,并根据仿真方案进行仿真,同时输出系统仿真数据,另外,本软件单元还负责对所生成的优化方案进行评估验证。

- ➤ 仿真数据收集与处理单元:收集、保存和管理源自仿真平台的仿真数据,并对这些数据进行初步编辑,使之符合预定义的优化指标。

- ➤ 代理模型优化单元:依据仿真数据构建"一步"Kriging 代理模型,根据第 5 章所提出的代理模型构建及优化方法,对 Kriging 代理模型进行更新,生成精度较高的代理模型,并通过它对 EOSS 优化问题进行求解,同时提供了单因素、多因素以及影响程度等多种系统分析方法。

- ➤ 评估验证单元:通过调用仿真平台对生成的优化方案进行评估、验证,同时对代理模型的拟合精度进行验证。

- ➤ 优化结果展示单元:将仿真数据的处理分析过程可视化。将单因素分析、双因素分析的结果以二维曲线、三维曲面的形式展现出来,除此之外还提供了柱状图、饼图、散点图等可视化方式,用以展现设计变量对性能指标的影响程度等。

需要说明的是,本书的仿真实验平台通过集成和调用 Matlab、Visual C#. Net、STK 实现,其中 Visual C#. Net 提供了整个平台的用户界面设计;Matlab 支撑试验设计、代理模型优化等方法的实现,而且提供了与 STK 软件的接口,通过该接口向 STK 发送仿真请求、订购仿真数据,如图 6.2 所示。

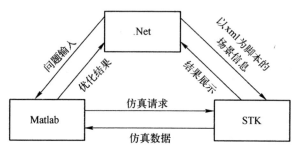

图 6.2　软件间的数据流关系

卫星工具包 STK 是航天领域中先进的系统分析软件,由美国分析图形有限公司(AGI)研制,用于分析复杂的航天、航空、陆地及海洋任务。它可提供逼真的二维、三维可视化动态场景以及精确的图表、报告等多种分析结果,支持卫星寿命的全过程,在航天飞行任务的系统分析、设计制造、测试发射以及在轨运行等各个环节中都有广泛的应用,对于军事卫星的战场监督、覆盖分析、打击效果评估等方面同样具有极大的应用潜力[41]。Matlab 作为科学计算和工程应用的系统软件,使用方便,功能强大,STK 通过连接模块,提供了超过 150 个格式化的命令,专门对 Matlab 进行支持,通过这些指令集合,Matlab 可以与 STK 进行广泛的数据交流,包括数据传输与控制,以及报告创建与管理等,增强了 STK 的计算性能,拓展了 STK 的应用领域。本书中关于目标函数或约束条件的数值仿真分析通过 STK 实现,下面简要介绍数值仿真的过程。

仿真分析过程包括确定仿真变量及响应、生成仿真方案、仿真过程和仿真数据分析(Kriging 代理模型的构建及优化求解)四个部分,具体流程如图 6.3 所示。其中第一部分对应于本书第 3 章,第二部分对应于本书第 4 章,第四部分对应于本书第 5 章。

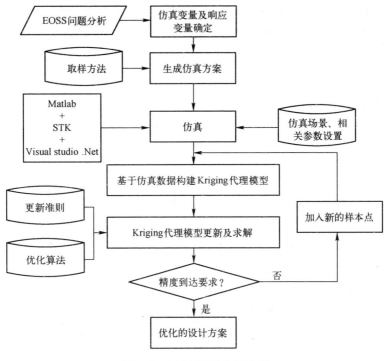

图 6.3　EOSS 仿真分析流程

6.2　面向突发事件的 EOSS 设计优化实例

　　首先,针对一些应急突发事件构建仿真优化实例。针对这种应急情况,一般采用卫星在轨机动的方式对目标区域进行覆盖,但随着小卫星技术的成熟和发展,应急发射成为解决这种突发事件的有利手段。在本例中我们将考虑轨道和载荷两方面的因素,并对几种不同的优化方法进行了比较。

6.2.1　问题描述及分析

　　问题背景:假设我国东海某海域发生地震,导致海上油田发生大面积泄漏,地震同时引发了海啸,海啸携带垃圾等大量漂浮物进入海洋,这对海洋环境造成了极大污染。为对我国山东半岛、辽东半岛、黄海、东海、台湾以及海南等近140 万平方公里海域的海洋环境进行监测(河口、滨海湿地、红树林、珊瑚礁和海草床等),需要通过对地观测卫星对上述海域进行观测成像,但我国当前在轨运行的卫星(资源卫星、环境卫星等)由于其轨道、分辨率的限制,一周内对上述区域的覆盖率仅为37%,难以达到预期的要求,需要通过应急发射小卫星来弥补这种观测的空缺。

卫星上搭有视场角为5°的光学遥感器,其地面分辨率不能超过5m,应该怎样配置轨道参数和载荷参数才能使卫星在一周内对目标区域的覆盖率最大?

目标定义如图6.4所示,同时在表6.1中列出了目标定义相关的几个参数。

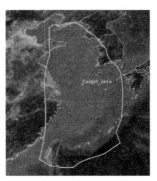 

(a) 目标区域   (b) 目标区域特征点抽取

图6.4   目标区域定义

表6.1   目标定义

目标定义	最小纬度	最大纬度	最小经度	最大经度	面积(km²)
取值	N21.62	N39.82	E119.41	E129.52	1,400,000

问题分析:选择任务轨道是一个很复杂的问题,它涉及许多选择的权衡,诸如运载工具、覆盖、有效载荷性能、通信链路以及政治或者技术的约束或限制因素。高于1000km高度辐射环境变化很大,低于1000km,由于大气层迅速清洗带电粒子,因此,辐射强度相当低,1000km以上为范艾伦带,在这带内所俘获的高能辐射会大大缩短航天器部件的寿命[177]。因此,对EOS而言,一般选择低于1000km的近地轨道,而区域覆盖卫星的轨道设计一般可以沿两条思路进行,一是使用大椭圆轨道,利用其驻留时间和覆盖区的不均匀性实现区域覆盖;另一条思路是使用近地圆或近圆回归轨道,利用其星下点轨迹在全球表面分布的不均匀性实现区域覆盖。从有效载荷的复杂程度和轨道控制等方面看,近地圆轨道优于大椭圆轨道,因此我们选择圆轨道。在此基础上构建仿真场景,场景信息如表6.2所示。

表 6.2　仿真场景信息

优化场景参数	因素	取　值
场景参数	起止时间	2011-03-12 00:00:00 至 2011-03-19 00:00:00
	观测区域	中国近海及其相关海域(面积约 100 万平方公里)
卫星参数	轨道类型	圆轨道(偏心率＝0)
	分辨率	≤5m
	成像模式	星下线成像

通过第 3 章的分析我们知道,要确定一个圆轨道需要确定 3 个参数:轨道高度、轨道倾角以及升交点赤经;而对光学遥感器而言,除了视场角外,还有两个参数影响其性能:线像素以及相机焦距,在本例中根据优化问题,结合第 3 章的分析,为实现对污染海域的监测,我们需要优化的参数如表 6.3 所示。

表 6.3　设计参数及其取值范围

设计变量	符　号	最　小　值	最　大　值
轨道高度	h	300km	800km
倾角	I	30°	90°
升交点赤经	$RAAN$	0°	360°
线像素	DP	100μm	150μm
焦距	f	50m	100m

6.2.2　优化结果分析

针对上述问题,本书采用 2.4 节中所提出的优化框架进行求解,具体为:首先采用综合拉丁方试验设计方法生成仿真方案,然后在 6.1 节所述的仿真平台基础上进行仿真,之后通过 5.3 节中的 Kriging 代理模型对轨道参数进行优化,以最大化卫星对目标的覆盖率。依据 5.2 节中 Kriging 代理模型的更新机制,本书分别构建了 3 种 Kriging 代理模型对上述问题进行求解:Kriging-1 采用代理模型最优机制进行更新,Kriging-2 采用最大化期望提高机制进行更新,Kriging-3 采用上述两种机制相结合的方式对代理模型进行更新。

每种代理模型运行 10 次,优化结果如表 6.4 所示,其中仿真次数为运算中所有仿真点的个数,候选点是通过更新机制所确定的候选插值点的个数,插值点是最终用以代理模型更新的有效点数,候选点/插值点为二者的比,覆盖率为目标函数值,即优化方案对应的区域覆盖率。这三种代理模型的仿真方案均通过综合拉丁方试验设计生成,试验1~5包含50个初始仿真点,即将表6.3中所示因素划分为50个水平,试验6~10包含60个初始仿真点,因素被划分为60个水平。

分析表6.4中的结果可以发现,Kriging-3所得到的解将明显优于前两种,最终卫星对目标的覆盖率达到100%。通过对比候选点/插值点可以发现,Kriging-3在更新过程中对插入点的选择更为慎重,尤其加入过滤机制δ之后,虽然插入点总数较少,但插入的点对代理模型改进加大。相比而言,Kriging-1和Kriging-2只是简单地删除了重复的点,并没有考虑插入点是否对代理模型的改进有较大贡献,从数值上看前两者在更新时插入点的数目较多,但最终解的质量却不是很高,如试验6中Kriging-2的更新点选择。

表6.4　三种代理模型的对比

试验编号	Kriging-1			Kriging-2			Kriging-3		
	仿真次数	候选点/插值点	覆盖率(%)	仿真次数	候选点/插值点	覆盖率(%)	仿真次数	候选点/插值点	覆盖率(%)
1	122	24/20	87.77	143	54/43	91.84	138	42/30	96.25
2	149	36/27	90.13	137	48/41	89.97	131	49/31	96.28
3	132	29/22	88.22	149	51/44	92.15	191	63/37	95.94
4	119	32/27	89.32	102	27/22	87.02	129	35/26	96.22
5	157	46/39	92.03	155	57/47	93.84	147	49/29	96.26
6	159	48/41	92.37	**146**	**54/45**	**90.31**	151	56/31	96.5
7	167	48/37	91.25	180	69/51	94.09	171	56/39	98.04
8	151	37/31	89.95	169	57/43	92.42	146	49/32	96.55
9	181	50/42	93.12	143	51/41	88.39	**197**	**63/51**	**100**
10	147	34/29	90.01	186	63/55	93.97	184	56/42	98.59
均值	148.4	38.4/31.5	90.42	151	53.1/43.2	91.4	158.5	51.8/34.8	97.06

图6.5比较了3种插值方式的插值效率,从图中可以看出Kriging-3的插值效率最高,这也从另外一个侧面验证了本书所提出的过滤机制δ的有效性。

为了进一步验证本书算法的有效性,我们同时采用STK/Analyzer对该场景进行优化,并将其优化结果与本书的结果进行横向比较。前文已经讲过STK/

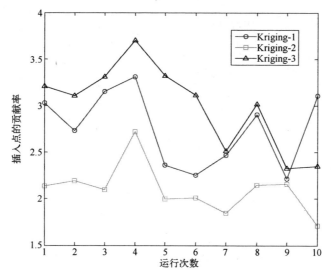

图 6.5　3 种 Kriging 模型插值效率比较

Analyzer 是 AGI 公司在 STK 基础上开发的用以支持卫星及星座优化设计的商业软件,这里 Analyzer 也运行 10 次,取覆盖率最大的结果为最终结果,具体如表 6.5 所示。

表 6.5　优化结果对比

	a (km)	θ	RAAN	$DP(\mu m)$	$f(m)$	Cov (%)	Average (%)
本书方法	6937.11	90.00	176.48	132.6	66.99	100	97.06
Analyzer	7098.83	40.37	151.88	128.22	95.12	94.52	92.90

　　通过表 6.5 可以发现,本书的最大覆盖率达到 100%,而 Analyzer 仅为 94.52%,而且从均值上看,本书算法表现更好。图 6.6 给出了 4 种算法计算结果的对比,从图中可以看出 Kriging-3 的优化结果明显优于其他 3 种方法,而且 Kriging-3 优化曲线波动较小,说明算法的稳定性较好。对比 Kriging-3 和 Analyzer 的平均仿真次数可以发现,Analyzer 需要 187 次仿真,而 Kriging-3 仅需 158.5 次仿真,这说明本书方法的计算效率较高。

　　值得说明的是,本书框架在进行仿真之前采用综合拉丁方生成仿真方案,它可以保证仿真点均匀地落在设计空间中,且仿真点之间是独立的。而 Analyzer 采用正交设计生成仿真方案,仿真点的分布比较分散,不能很好地反映整个设计空间,这也是本书代理模型优化效率较高的原因。另外,通过对本书

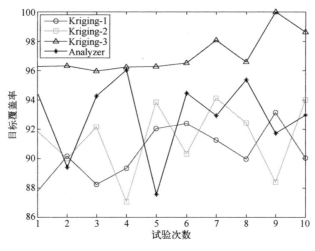

图 6.6　4 种方法优化结果的对比

方法前后 5 组试验的对比发现,初始仿真次数对优化结果也有影响,后 5 组试验的结果明显优于前 5 组,主要在于后 5 组的初始仿真点多于前 5 组。

图 6.7 分别显示了本书所得到配置方案对目标区域的累积覆盖和单日覆盖变化,基本上到第 6 天卫星已经完成了对区域的覆盖,累积覆盖率达到 98.67%。从单天覆盖率的分布来看,卫星对该区域的覆盖能力比较平均,能够对目标进行持续观测。图 6.8 显示了通过 Kriging 代理模型拟合的轨道高度和轨道倾角之间的关系,从图上看二者之间有较复杂的耦合关系,但是整体趋势与 3.3 节中所分析的单因素变化趋势基本相符。

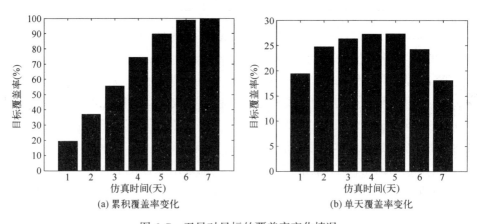

图 6.7　卫星对目标的覆盖率变化情况

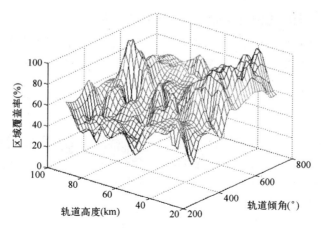

图 6.8　Kriging 模型对轨道高度和轨道倾角的拟合

上述单星实例验证了 Kriging 代理模型在 EOSS 优化中的有效性。由于卫星轨道、分辨率等限制，EOSS 在特定时段内对某些区域的观测存在盲区，尤其对于突发特大自然灾害的监测，往往需要对现有卫星系统进行调整，如轨道机动、应急发射等。针对此，我们提供了一种快速生成调整方案的方法：根据观察请求，构建仿真场景，确定优化目标，通过综合拉丁方试验设计方法生成仿真方案，然后采用本书 Kriging 代理模型对仿真数据进行拟合，最终通过对代理模型的优化实现对真实 EOSS 的优化，这种方法可以同时对多颗卫星进行优化，而且优化效率高。

6.3　面向重点区域覆盖的 EOSS 设计优化实例

上一节，我们通过小卫星应急发射的实例验证了本书优化框架的可行性和有效性，本节我们将构建一个面向复杂区域覆盖的多星 EOSS 顶层设计参数优化实例，通过该实例可以测试本书方法对大规模问题的求解效率。

6.3.1　问题描述及分析

问题背景：随着全球变暖趋势的加剧，恶劣气候或天气（暴雨、干旱、飓风、滑坡、泥石流等）对各国经济发展的影响越来越大，并给当地的社会稳定带来了一定的压力。因此，对全球各主要经济体建立常态、长效的环境监测机制，将对各国处理和应对各种突发事件、降低重大灾害带来的损失非常有利。

基于此,我们以美国的陆地观测卫星 LANDSAT-7、高分辨率对地观测卫星 IKONOS-2 和 QUICKBIRD-2、法国的 SPOT-5 以及加拿大的 RADARSAT-2 为基础,构建全球环境监测机制,要求卫星能够在 24h 内对目标区域的突发事件做出响应,目标区域的定义如图 6.9 所示,主要包括 3 个部分:美洲大部、欧洲以及东亚和东南亚。卫星的地面分辨率要求 $GSD \leqslant 10\mathrm{m}$。

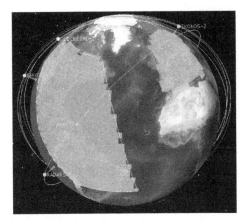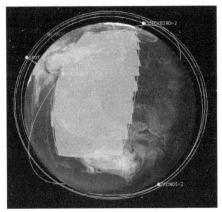

图 6.9　观测目标定义

表 6.6 列出了各个卫星当前的轨道参数配置,该配置下,这 5 颗卫星对目标区域的平均重访时间为 117532s,约合 32.63h,不能满足预定的观测需求,需要对卫星进行重新配置,如果优化之后仍不能达到观测要求,则考虑发射新的卫星对其进行补充。因此,我们的优化目的是:重新配置卫星轨道参数,将 EOSS 对目标区域的重访时间控制在一天内,若优化后 EOSS 仍不能满足此要求,则补发卫星,并确定新发卫星的相关参数。

表 6.6　5 颗卫星的初始轨道参数

卫　　星	$a(\mathrm{km})$	e	$i(°)$	$\Omega(°)$	$\omega(°)$	$M(°)$
LANDSAT-7	7080.65	0.00011	98.219	222.41	8.442	103.125
SPOT-5	7203.38	0.00005	98.723	229.635	132.353	8.359
IKONOS-2	7057.01	0.0001	98.123	231.902	22.309	192.961
QUICKBIRD-2	6824.97	0.0001	97.154	223.705	84.896	230.762
RADARSAT-2	7169.91	0.0001	98.575	161.251	121.794	133.678

问题分析:针对上述优化问题,首先构建优化场景,场景的相关信息如表6.7所示。为了保证优化结果的合理性,应该设置足够长的仿真时段,但是本例中卫星数目较多、观测目标面积较大,如果仿真时段过长将导致单次仿真耗时过长,进而使得整个优化过程非常缓慢,这里采取折中策略,以原本 EOSS 的平均回访时间 32.63h 为参照,取 $T=3$ 天。

表 6.7　仿真场景信息

优化场景参数	因　素	取　　值
场景参数	起止时间	2011-07-01 00:00:00 至 2011-07-04 00:00:00
	观测区域	美洲大部、欧洲、东亚及东南亚
卫星参数	卫星颗数	5(可加星)
	轨道类型	圆轨道
	分辨率	≤10m
	成像模式	星下点成像

根据问题,可以确定问题的优化指标为平均重访时间,另一方面也要求卫星能够对目标区域实现完全覆盖,只是这种覆盖并没有具体的时间限制,但卫星必须具备这样的能力。这几颗卫星原本均为准太阳同步轨道,因此在优化过程中我们仍将其设置为圆轨道,即每颗卫星需要优化的参数包括 3 个:轨道高度、轨道倾角和 RAAN,各优化参数及参数的取值范围如表 6.8 所示,以LANDSAT-7 为例,其他星的设置与之保持一致。

表 6.8　优化参数及其取值范围

卫　　星	因　素	最　大　值	最　小　值
LANDSAT-7	轨道高度 h(km)	320	850
	轨道倾角 i	40	140
	升交点赤经 Ω	0	360

6.3.2　优化结果分析

针对上述优化场景,分别采用本书方法和 STK/Analyzer 对其进行优化,每种方法运行 10 次。表 6.9 是两种方法优化过程的比较,表中初始点代表初始仿真的采样点,最优解代表在对应的仿真中得到最优解。

表 6.9　优化过程对比

试验编号	本 书 方 法			Analyzer		
	初始点	最优解	总仿真次数	初始点	最优解	总仿真次数
1	128	306	306	128	273	279
2	128	275	307	128	289	305
3	128	301	301	128	269	284
4	128	314	314	128	248	254
5	128	285	303	128	288	294
6	120	283	289	128	258	258
7	110	267	271	128	251	251
8	100	255	255	128	231	235
9	90	210	229	128	253	274
10	80	198	209	128	236	241

　　需要说明的是,Analyzer 采用正交试验设计生成初始仿真方案:共 15 个因素,每个因素被划分为 8 个水平,需要进行 128 次试验;而本书采用第 4 章的综合拉丁方试验设计方法生成初始仿真方案,试验次数的取值相对比较灵活。为了对比起见,本书方法的前 5 次优化的初始仿真点设为 128,而第 6~10 次优化则采用递减的初始采样点进行计算,其初始点依次为 120、110、100、90、80。本书在附表 1 中分别列出了 Analyzer 和本书方法所采用的初始仿真方案(128 次试验)。

　　表 6.10 是两种方法优化结果的对比,分别列出了每组优化的最终解,以及最优解对应的重访时间、区域覆盖率和参数配置方案。从数值上看,本书的优化结果方法明显优于 Analyzer。针对上述两种不同的采样方法,分别从其采样方案(均为 128×15)中抽取 3 个(以第一颗星的 3 个设计变量为例)设计变量,图 6.10 给出了三维空间中采样点的分布(128×3)。从点分布的均匀性上看综合拉丁方优于正交设计,分别计算二者的列相关矩阵为

$$R_{OLH} = \begin{bmatrix} 1.0000 & 0.0000 & 0.0000 \\ 0.0000 & 1.0000 & -0.0000 \\ 0.0000 & -0.0000 & 1.0000 \end{bmatrix}, R_{CLH} = \begin{bmatrix} 1.0000 & -0.0071 & -0.0048 \\ -0.0071 & 1.0000 & 0.0201 \\ -0.0048 & 0.0201 & 1.0000 \end{bmatrix}$$

表 6.10　优化结果对比

	编号	高度	倾角	RAAN	高度	倾角	RAAN	高度	倾角	RAAN	高度	倾角	RAAN	高度	倾角	RAAN	时间	覆盖率(%)
本书方法	1	821.83	139.68	338.80	821.98	110.00	8.31	817.54	133.08	352.32	760.46	139.75	350.57	821.85	124.62	38.16	83638.95	96.45
	2	816.13	139.95	31.98	812.38	140.00	337.00	821.92	124.17	13.34	821.58	129.77	7.99	814.58	114.40	0.33	81227.04	97.09
	3	810.82	139.80	355.80	821.05	127.41	359.31	821.77	120.44	12.65	820.29	139.77	300.17	821.51	130.40	10.70	81977.80	95.33
	4	821.99	139.49	347.13	821.36	135.82	355.51	820.72	117.69	4.04	809.98	130.00	327.99	814.16	121.71	5.54	84385.24	95.65
	5	821.86	120.98	3.39	821.92	139.73	15.08	820.80	140.00	8.44	821.96	117.50	13.62	808.28	130.60	8.81	83610.24	95.37
	6	821.98	126.26	352.96	819.64	123.99	41.62	816.80	139.98	3.73	778.41	105.53	5.44	821.03	139.99	358.18	84345.06	96.79
	7	821.84	139.37	308.87	799.54	129.70	13.07	820.10	139.84	4.25	807.86	127.79	330.71	821.97	119.02	9.57	85702.72	94.1
	8	815.85	124.44	351.06	821.89	139.75	354.13	821.92	140.00	311.02	806.62	57.95	358.89	801.81	63.08	344.61	86944.41	95.52
	9	821.79	123.32	332.77	784.47	139.29	3.27	821.97	139.12	14.64	817.67	127.70	3.18	804.11	135.30	7.70	88562.69	92.43
	10	807.82	139.89	355.55	809.96	126.44	360.00	821.18	122.83	342.19	760.46	139.83	355.07	821.86	137.15	4.62	89592.75	93.05
Anal-yzer	1	623.92	135.70	175.08	826.07	136.29	187.73	806.54	118.71	202.50	819.23	112.66	299.53	795.80	53.09	97.73	92779.28	89.80
	2	756.73	43.4	0	829	64.14	0	829	40	360	760.64	64.02	198.28	829	53.24	28.83	94165.47	86.28
	3	779.2	20	58.36	829	30	163.13	829	52.89	156.8	829	63.67	324.14	829	58.98	360	91426.66	81.72
	4	829	62.93	0	794.82	35.51	0	829	56.88	0	705.95	53.01	360	759.66	40	0	94432.15	87.59
	5	829	127.50	0.00	826.07	130.82	0.00	829.00	40.00	42.89	829.00	124.57	99.14	829.00	108.95	360.00	89956.99	89.49
	6	683.49	123.01	253.13	816.30	128.87	0.00	829.00	140.00	169.45	829.00	140.00	0.00	779.20	89.22	194.06	91671.17	90.10
	7	802.63	139.41	327.66	812.40	119.69	94.22	807.52	116.37	252.42	773.34	49.77	287.58	797.75	117.15	157.50	91631.33	90.10
	8	769.43	60.51	139.92	788.96	130.63	350.86	765.52	136.88	176.48	759.66	56.60	295.31	806.54	106.60	355.08	94686.12	89.69
	9	829	123.01	243.28	829.00	111.09	360.00	829.00	48.79	180.70	829.00	140.00	0.00	668.84	40.00	0.00	92207.83	90.20
	10	823.14	115.78	303.75	812.40	121.45	24.61	796.77	127.11	172.97	702.05	131.21	196.88	756.73	41.37	80.16	92274.25	92.24

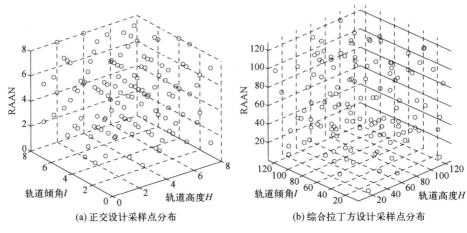

(a) 正交设计采样点分布　　　　　　　(b) 综合拉丁方设计采样点分布

图 6.10　不同采样方法的采样点分布

很明显,在正交性上 Analyzer 的设计方案优于本书,但从最大列相关系数上看,本书方案的正交性也较好,$\rho_{max} = 0.0201 < 0.05$,接近正交。从整体上看,本书的采样方案优于 Analyzer,这是本书优化结果优于 Analyzer 的一个原因。

根据表 6.10,选取重访时间最短的方案作为两种方法的最优解,分别对应为本书方法的试验 2 以及 Analyzer 的试验 5,其重访时间分别为 81227.04s(约合 22.56h)、89956.99s(约合 24.99h)。也就是说,相比 Analyzer,本书方法得到的优化解将 EOSS 对目标区域的重访时间缩短了近 2.43h,这对抢险救灾、应付重大突发事件而言是非常宝贵的 2.43h,尤其在现代战争条件下,面对瞬息万变的战场环境,2.43h 将可能决定战争的成败。整体而言,本书方法所得方案都优于 Analyzer 所得方案,如图 6.11(a)所示。

对比两种方法所得方案的覆盖率,我们发现本书方法也远好于 Analyzer,如图 6.11(b)所示。虽然覆盖率不是我们的优化目标,在实际应用中必须兼顾这方面的因素,保证 EOSS 能够对目标区域实施完全覆盖,因此覆盖率将是我们进行方案选择的一个参照和约束。对比重访时间和覆盖率这两个指标,虽然在细节上较短的重访时间并不一定对应较大的覆盖率,如本书的试验 3 和试验 8、Analyzer 的试验 3,但整体上二者的变化趋势是一致的,即如果 EOSS 对目标的重访时间较短,那么其对目标的覆盖率也会相对大些。

通过表 6.10 我们还可以发现,在本书方法的运行中,随着初始仿真次数的减少,算法求得最优解所需要的总仿真次数逐渐下降,同时所得最优解的质量

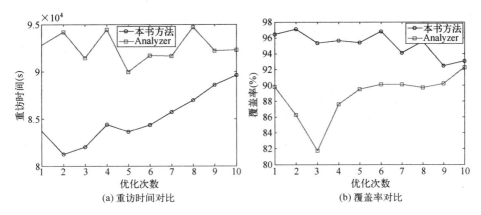

图 6.11　本书方法与 Analyzer 优化结果对比

也在下降。这从图 6.11 曲线的走势上也可以看出,试验 6~10 中,随着初始采样点数目的减少,EOSS 的重访时间增大、覆盖率减小,这说明初始采样点的选择将影响最终优化方案的质量。实际应用中,初始采样点并不是越多越好,过多的采样点将使 Kriging 代理模型变得复杂,导致后续优化中将需要插入更多的更新点才能使模型达到较高的精度,进而使整体的仿真成本增大。因此,在保证可以得到满意解的前提下,应该尽可能控制初始仿真方案的采样点,本例中 $n_0 = 100$ 比较合适。

虽然本书方法所求得的解远好于 Analyzer,但也应看到本书方法所需要的仿真次数更多,同样都是 128 个初始仿真点,为求得最优解本书方法平均仿真 306 次,而 Analyzer 只需 268 次。而在仿真优化中仿真所占的时间要远远多于算法求解的时间,因此相比 Analyzer,本书方法的求解效率要低很多(平均多 40 次仿真)。

通过表 6.9 可以发现,两种优化方法第 10 组试验的总仿真次数比较接近(本书方法 208,Analyzer209),因而这两组数据的可比性比较强,图 6.12 分别以这两组试验为例,给出了这两种优化方法的迭代收敛过程。明显地,本书方法收敛快些,而且从最终优化结果上看,在相同的仿真次数内本书方法可以得到更好的解,这说明所构建的 Kriging 代理模型的搜索效率更高。

综上,我们可以得到优化的配置方案如表 6.11 所示,相比 EOSS 的初始配置,优化后的方案将重访时间缩短了近 10h,而将目标的覆盖率提高了。对比初始的优化目标:重访时间 $T_r \leqslant 24h$,本书得到的结果为 $T_r' = 22.56$,即 $T_r' < T_r$,因此

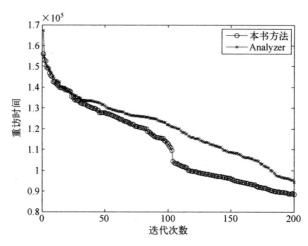

图 6.12 两种方法的收敛过程对比

本书结果算是问题的优化解,因而不需要发射新的卫星。假若优化得到的结果没能满足要求,$T_i'>24$,则需要补发新的卫星,具体轨道参数的计算与上述过程相同,但是与算法相关的参数应该根据实际情况进行设置。

表 6.11 最终优化结果

卫 星	初始配置方案			优化后的配置方案		
	$h(km)$	$i(°)$	$\Omega(°)$	$h(km)$	$i(°)$	$\Omega(°)$
LANDSAT-7	709.65	98.219	222.41	816.13	139.95	31.98
SPOT-5	832.38	98.723	229.635	812.38	140.00	337.00
IKONOS-2	686.01	98.123	231.902	821.92	124.17	13.34
QUICKBIRD-2	453.97	97.154	223.705	821.58	129.77	7.99
RADARSAT-2	798.91	98.575	161.251	814.58	114.40	0.33
重访时间(s)	117532 (32.65h)			81227.04 (22.56h)		
覆盖率(%)	80.42			97.09		

6.4 本章小结

本章首先介绍了 EOSS 仿真平台的组成结构、系统的仿真流程控制,然后结合实际应用设计了两个典型的仿真场景。场景一以海油泄漏为背景,通过应急发射小卫星实现对目标区域的完全覆盖,为实现这种覆盖我们对卫星的轨道和载荷参数进行优化设计;场景二以全球重点区域的观测为背景,通过最小化平均重访时间实现了对多星 EOSS 顶层设计参数的优化,这两个场景为应急卫星系统构建以及重点区域覆盖提供了案例参考。另外,通过与通用商业软件 Analyzer 的对比,我们发现本书方法所得结果远好于 Analyzer,以场景 2 为例,本书将其重访时间缩短了 2.43h,这说明本书方法的求解效果更高。

第 7 章
总结与展望

↘ 7.1 本书总结

本书针对对地观测卫星系统优化设计问题,研究了 EOSS 顶层设计参数优化方法,主要工作可以概括如下:

1) 提出了 EOSS 顶层设计参数优化问题,并针对此构建了基于试验设计和代理模型的求解框架

本书根据工程应用中所发现的问题,结合当前卫星发展应用的实际提出了 EOSS 顶层设计参数优化问题,分析了该问题的研究必要性,从系统的物理组成和性能计算两个方面探讨了问题的复杂性。在此基础上,分析了试验优化和仿真优化两种求解思路,最终结合两种方法的优点提出了基于试验设计和代理模型的仿真优化框架。该框架汲取了试验优化在问题分析方面的优势,集成了仿真优化处理复杂系统问题的长处,为 EOSS 顶层设计参数优化提供了一种有效的求解思路。

2) 构建了 EOSS 覆盖性能指标体系,分析了影响这些指标的系统因素

本书基于点覆盖数字仿真的方法对 EOSS 的覆盖性能进行了建模分析,从时间覆盖特性和空间覆盖特性两个方面构建了 EOSS 的覆盖性能指标体系,研究和分析了影响 EOSS 覆盖性能的系统因素,并通过仿真定量地计算了不同因素对系统性能指标的影响。

3) 提出了基于快速模拟退火算法的综合拉丁方试验设计方法

本书分析了 EOSS 仿真优化中存在的仿真次数与优化精度之间的矛盾,通过合理选择仿真点来弥补仿真次数减少对优化的影响,因而提出了综合拉丁方试验设计方法,该方法既考虑了设计点在问题空间中分布的均匀性,也考虑了设计点之间的独立性,进而保证所生成的仿真方案能够较好地反映系统的特性。综合拉丁方试验设计方法以 VFSA 为主体,定义了多目标的优化准则,设计了 4 种拉丁方矩阵变换邻域,采用正交性较好的拉丁方矩阵为初始解,通过满足 Cauchy 分布的降温函数来控制算法的收敛过程。而且通过多组对比实例证明了综合拉丁方试验设计方法能够生成优良性更好的设计方案。

4) 提出了基于多点更新的 Kriging 代理模型的构建和优化方法

针对 EOSS 仿真所产生的仿真数据,提出了以 IGPS 为求解框架的多点更新 Kriging 代理模型,用以对仿真数据进行近似和模拟。EOSS 性能函数具有高维、非线性、多峰的特点,因此提出了代理模型最优与最大化期望提高相结合的代理模型更新机制,同时引入了基于函数改进的过滤机制,保证代理模型更新点的效率。其中,代理模型最优通过 GA 进行求解,局部最优和最大化期望提高点通过 SQP 求解,这两种方法共同构成了 IGPS 的搜索步,搜索失败后算法将在当前最优点附近构建网格,并依照网格进行筛选,寻找比当前点改进的点。本书通过 4 个不同的标准测试函数对所提方法进行了验证,优化结果证明算法能够得到函数的全局最优,而且求解效率较高。

5) 构造了 EOSS 顶层设计参数优化的仿真实例

论述了 EOSS 仿真平台的结构组成、EOSS 优化流程控制、仿真想定的设计、仿真方案生成以及仿真数据分析等内容,设计了贴近实际应用的优化实例,考虑了区域覆盖率以及重访时间两个优化指标,并通过与通用商业软件 STK/Analyzer 的对比,证明了本书方法的有效性。

7.2　研究展望

随着对地观测卫星平台及载荷技术的不断发展,以及对地观测卫星应用需求的不断提高,对地观测卫星任务规划技术也相应遇到了一些新的挑战。本节主要对其中比较典型的新问题进行了简要分析和展望。

1) 加入 EOSS 调度,在优化中考虑任务的完成情况

本书是从系统顶层设计的角度研究系统性能的优化,因此在抽取系统设计

因素、构建系统优化指标时,我们也都是从系统整体性能的角度出发,偏向于研究系统是否具备完成任务的能力,至于在实际中能否完成任务则取决于任务及资源的约束。尤其在战争时期或者突发重大自然灾害等非常时期,考查既定任务是否完成非常重要,故在实际应用中,除了系统性能外,我们还应该考虑系统对实际任务的完成效能。因此,在评估不同顶层配置方案时,应通过 EOSS 调度来考虑资源、任务等具体约束,这样才能保证所得到的方案是高效可行的。

EOSS 顶层参数优化问题主要通过对系统中卫星轨道参数的设计优化以及载荷配置参数的合理选择,实现系统覆盖性能的优化;EOSS 调度问题是在满足卫星使用约束的基础上合理分配卫星资源,生成无冲突的卫星观测时间表,最大化满足用户需求。两个问题在现实应用中是独立的,实质上却互相耦合、互相影响,如图 7.1 所示。EOSS 部署方案通过顶层配置参数直接决定系统的性能,进而决定系统完成任务的能力;而 EOSS 调度则通过对用户需求的满足程度反映部署方案的优劣,同时受部署方案的影响。因此,为了真正实现 EOSS 系统性能的优化,不仅要考虑系统参数的配置,还需要考虑用户需求的分布和系统调度结果的反馈。

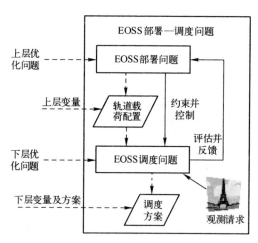

图 7.1 部署—调度一体化问题

部署调度一体的参数优化问题实质上变成了一种双层优化问题,包含了互相耦合的两个子问题:部署优化问题和调度问题,两个子问题具有分层、递阶的关系,上层部署优化问题的目标函数和约束条件不仅与上层决策变量有关,而且还依赖于下层调度问题的最优解,而下层调度问题的目标函数和约束条件又受到上层决策变量的影响。

2) 构建 EOSS 变轨机动成本模型,考虑多目标优化

在实际应用尤其工程设计中,性能优化固然重要,但不能为了追求性能提高而忽略达到该性能所需要的成本。对 EOSS 而言,其覆盖性能体现为空间和时间两个方面,通过第 6 章的实例我们发现,这两类性能指标在一定程度上是冲突的,无论空间覆盖性能还是时间覆盖性能,在具体衡量上都有多个指标,这些指标在很大程度上是难以兼顾的,例如区域覆盖率和响应时间,这在实际的优化中需要权衡考虑。

另外,本书作为探索性研究只考虑了面向实际应用的系统覆盖性能优化,并未考虑实际为实现这种性能所需要的成本:如完成变轨所需要的燃料消耗和机动变轨的时间。由于卫星运行在不同的轨道上,各个卫星的实际状态(实际轨位、燃料剩余)也不尽相同,因而每颗星机动变轨的路径差别很大,如果考虑燃料耗费的约束,卫星完成轨道机动的时间也将不同,一般而言二者成反比,想要在较短的时间内完成变轨,所消耗的燃料也将更多,如图 7.2 所示。基于此种考虑,为确保 EOSS 能够重构到位,需要在考虑整体覆盖性能的前提下,还要考虑机动的时间成本和燃料消耗,这将是一个多目标优化问题。因此,下一步的研究中应该在 EOSS 覆盖性能的基础上,考虑系统重构的成本因素,实现在性能、成本间的权衡以及不同性能指标间的折中。

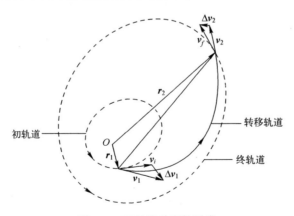

图 7.2　卫星机动变轨示意

3) 考虑天临空跨域协同,提升综合覆盖效能

卫星由于轨道和幅宽的限制,其观测覆盖的灵活性大大受限。当前临近空间飞艇和无人机技术发展迅速,它们在应急观测方面发挥了很大的作用,但是

由于其视场限制,观测能力有限,如果能够将天临空(卫星、飞艇、无人机)多平台资源一体考虑,使其发挥各自的长处,将极大提升综合覆盖效能。因此,优化配置跨域多平台传感资源,对天临空平台进行层次化协同调度,整合管理天基卫星、临近空间飞艇和空基的无人机等多种感知资源,是未来面向重大应急事件实现任务的快速响应的一大重要举措。在这种背景下,就需要考虑多类资源覆盖特性和覆盖能力的差异,将三类资源的配置部署进行一体优化,进而为用户提供高可靠、高时效、高可用的信息服务。

4) 考虑并行计算,提高求解效率

在 EOSS 顶层设计参数优化问题的求解中,仿真耗费了大量的计算时间,尤其随着问题规模的扩大和仿真精度的提高,单次仿真所消耗的时间呈指数增加。虽然试验设计可以通过控制仿真点的分布来减少所需试验的次数,但这种串行的仿真效率较低,时间依然是限制算法使用的瓶颈。因此,在今后的研究中,应通过并行的方式来提高仿真效率;同时考虑对问题的设计空间进行划分,采用并行算法对问题空间进行搜索,即通过物理和算法的并行实现对问题求解效率的改善。

附录
试验设计方案对比

  第 6 章第二个应用实例中需要仿真的因素共 15 个,Analyzer 采用正交设计生成初始仿真方案,它将每个因素划分为 8 个水平,共进行 128 次试验;本书采用综合拉丁方实验设计方法生成初始仿真方案,将每个因素划分为 128 个水平,也进行 128 次试验,这两种方法所生产的仿真方案分别如附表 1 所示,其中 p_i 表示第 i 个因素。

附表 1　正交设计方案与综合拉丁方设计方案对比

正交设计

P_1	P_2	P_3	P_4	P_5	P_6	P_7	P_8	P_9	P_{10}	P_{11}	P_{12}	P_{13}	P_{14}	P_{15}
4	1	2	1	7	7	3	5	8	7	6	2	2	3	8
1	2	5	4	1	3	7	7	3	4	4	3	5	7	6
3	4	8	2	8	1	5	4	7	5	2	7	3	1	7
5	5	4	5	6	4	8	1	2	3	5	5	6	6	5
5	5	4	5	6	4	8	8	1	3	5	5	6	6	4
7	6	3	8	4	8	6	6	6	1	7	8	7	4	1
8	8	6	7	3	5	4	6	5	8	7	6	1	2	2
6	3	7	3	5	2	1	2	4	2	3	1	8	8	2
2	7	8	6	2	7	2	3	1	6	8	4	4	5	3
4	2	1	5	3	4	2	1	8	4	3	5	7	2	2
1	1	4	2	5	5	2	2	3	7	5	7	1	4	3
3	5	2	4	5	6	4	6	7	3	6	3	8	5	4
5	4	5	1	2	5	6	8	7	6	4	2	4	8	1
7	8	7	6	3	3	5	1	6	8	3	4	2	7	7
8	6	3	3	1	1	8	4	5	1	8	1	5	3	5
6	7	3	7	8	4	3	7	4	6	1	6	3	6	8
2	3	6	8	6	1	7	5	3	2	7	8	6	1	6
4	4	3	3	7	4	6	2	8	3	7	4	6	6	1
1	5	6	6	8	7	1	3	2	5	1	1	2	7	4
3	1	7	8	8	7	1	8	2	4	8	6	6	7	3

综合拉丁方设计

P_1	P_2	P_3	P_4	P_5	P_6	P_7	P_8	P_9	P_{10}	P_{11}	P_{12}	P_{13}	P_{14}	P_{15}
89	89	19	48	97	23	25	31	70	20	34	62	83	24	110
99	86	113	54	121	87	53	18	122	92	67	40	61	85	64
98	44	34	9	116	91	69	104	5	24	100	5	37	30	27
5	101	41	3	120	106	119	12	93	60	18	85	112	21	8
66	72	106	68	89	102	33	21	55	36	51	28	109	99	122
54	1	13	46	30	125	86	35	34	86	93	51	72	40	40
116	87	105	103	34	48	24	119	126	31	53	98	101	97	102
43	32	122	80	93	69	1	64	16	35	99	17	62	125	5
70	82	123	85	94	49	91	87	76	101	39	127	123	112	26
19	57	59	38	40	62	8	16	111	72	90	30	42	123	42
128	12	81	5	38	29	40	93	19	83	28	7	119	14	2
17	116	6	21	115	38	20	112	66	58	70	111	43	103	128
63	104	60	77	60	74	112	50	58	121	125	66	116	7	14
121	39	23	36	8	93	27	75	120	117	15	124	15	10	111
102	18	110	25	58	117	95	109	68	95	12	72	17	15	39
65	99	47	71	74	124	73	81	57	2	26	16	9	69	127
114	126	90	67	2	76	87	5	43	114	10	24	68	1	54
37	107	18	100	81	40	71	61	96	68	110	26	103	77	49
45	58	97	76	105	37	63	1	125	40	46	71	66	32	96

（续）

正交设计

P_1	P_2	P_3	P_4	P_5	P_6	P_7	P_8	P_9	P_{10}	P_{11}	P_{12}	P_{13}	P_{14}	P_{15}
5	2	1	7	6	3	2	6	7	7	3	8	3	3	2
7	3	2	2	4	2	3	4	5	6	4	5	1	5	6
8	7	5	5	3	6	7	1	6	2	6	7	7	8	8
6	6	8	1	5	8	5	5	1	8	5	3	4	2	5
2	8	4	4	2	5	8	7	4	1	2	2	8	4	7
4	5	7	7	4	6	5	7	3	5	8	8	1	8	5
1	4	1	8	3	2	8	5	8	3	3	6	7	5	7
3	2	3	3	5	5	3	1	2	7	7	1	4	4	6
5	1	6	4	7	8	7	6	5	4	1	4	8	2	8
7	7	8	1	1	4	1	7	6	2	5	2	5	1	3
8	8	4	5	8	1	2	6	6	6	2	3	2	6	2
6	8	2	2	6	3	6	3	1	1	3	7	6	3	1
2	6	5	2	6	7	4	6	2	8	4	5	7	7	4
4	6	2	8	1	5	7	7	4	6	1	4	3	8	7
1	8	5	7	7	8	3	8	7	2	2	1	6	5	5
3	3	8	3	6	6	8	3	3	8	4	6	2	4	5
5	7	4	6	8	2	5	2	3	1	6	8	5	2	8
7	1	3	3	3	3	4	7	8	3	8	5	8	1	6
8	2	6	4	4	7	6	5	4	5	3	7	4	6	3

综合拉丁方设计

P_1	P_2	P_3	P_4	P_5	P_6	P_7	P_8	P_9	P_{10}	P_{11}	P_{12}	P_{13}	P_{14}	P_{15}
64	21	36	99	110	18	18	68	100	56	109	84	120	109	104
118	110	55	59	67	104	126	122	97	14	35	86	20	23	107
12	98	109	79	63	57	92	95	64	50	32	47	94	39	78
21	51	100	55	124	121	44	105	60	67	2	6	60	96	69
25	73	75	107	118	80	23	72	44	108	107	4	40	71	76
73	42	43	52	69	2	52	125	94	51	29	114	64	18	33
112	120	104	109	1	116	64	62	84	73	54	83	56	87	56
106	124	27	60	92	122	62	69	49	21	94	64	127	43	95
30	88	121	95	31	31	57	102	124	81	79	109	48	42	20
81	25	74	11	77	33	31	77	17	87	117	123	21	46	116
78	7	49	10	27	24	51	70	30	22	126	106	23	70	23
127	83	79	81	28	4	68	127	54	111	56	117	110	111	87
56	65	2	74	20	77	22	29	10	19	1	82	111	67	36
125	76	63	19	96	59	93	3	74	99	108	110	38	108	88
72	29	87	14	95	109	47	84	42	42	69	96	54	118	25
105	15	126	111	72	10	94	85	123	17	118	32	3	104	60
48	100	101	82	44	107	34	13	77	64	104	33	6	100	48
85	125	85	113	106	126	5	103	107	65	111	31	73	74	41
97	34	22	84	66	84	59	59	106	5	62	105	30	3	47

（续）

正交设计

P_1	P_2	P_3	P_4	P_5	P_6	P_7	P_8	P_9	P_{10}	P_{11}	P_{12}	P_{13}	P_{14}	P_{15}
6	4	7	2	2	4	2	1	5	4	7	3	7	3	4
2	5	1	5	5	1	1	4	6	7	1	2	1	7	1
4	8	8	6	3	7	6	4	2	2	4	8	8	6	4
1	6	4	3	4	3	1	1	7	6	6	6	4	1	1
3	3	2	7	2	1	3	5	3	1	5	1	1	7	2
5	2	5	8	5	4	6	7	8	8	2	4	3	3	3
7	7	7	5	1	8	8	2	1	5	7	2	1	5	8
8	1	1	2	7	5	5	3	4	3	1	3	6	8	6
6	5	3	4	6	2	2	6	5	7	8	7	6	2	7
2	4	6	1	8	6	3	6	6	4	3	5	5	4	5
4	3	3	2	1	6	4	7	7	1	3	2	6	2	3
1	7	6	5	7	2	6	4	2	8	8	8	3	4	2
3	6	7	1	6	5	2	7	8	2	1	7	5	5	1
5	8	1	4	8	8	1	5	3	6	7	5	2	8	4
7	4	2	3	3	4	7	3	4	7	2	8	4	7	5
8	5	5	6	4	1	3	2	1	4	5	6	8	3	7
6	1	8	8	2	3	5	6	6	5	6	1	8	6	8
2	2	4	7	5	7	5	8	5	3	4	4	7	1	8
4	7	7	4	3	1	8	8	7	8	1	5	4	3	6

综合拉丁方设计

P_1	P_2	P_3	P_4	P_5	P_6	P_7	P_8	P_9	P_{10}	P_{11}	P_{12}	P_{13}	P_{14}	P_{15}
79	45	31	86	113	73	103	126	108	34	78	46	93	64	31
60	80	11	72	127	64	125	110	67	7	61	56	122	119	121
20	78	51	78	6	16	50	30	82	55	36	9	1	33	66
28	38	111	43	79	39	108	55	7	63	80	118	16	33	91
39	48	58	97	36	120	36	92	62	27	16	2	113	106	38
23	90	69	91	104	105	78	44	90	97	13	58	14	28	9
9	41	62	123	75	115	6	86	86	103	42	60	36	8	103
107	91	16	41	108	26	12	14	51	28	3	65	99	89	51
11	43	99	58	111	46	89	82	45	18	14	78	24	52	86
100	23	50	49	56	21	28	4	103	88	112	125	121	45	81
61	117	93	96	112	63	10	65	25	23	96	108	97	20	30
44	22	30	61	45	114	67	42	109	77	41	22	87	124	46
53	118	120	63	62	92	80	40	52	123	81	29	33	48	52
77	16	44	37	9	50	84	96	121	112	120	18	53	88	100
42	20	65	22	46	88	21	6	71	102	31	34	95	121	108
69	67	66	121	53	98	111	52	72	124	7	19	50	102	57
59	112	77	23	24	34	120	116	6	115	84	53	74	27	4
32	81	125	13	90	6	96	20	48	84	48	21	46	83	80
40	52	25	94	64	119	99	48	20	71	119	94	76	82	73

（续）

正　交　设　计

P₁	P₂	P₃	P₄	P₅	P₆	P₇	P₈	P₉	P₁₀	P₁₁	P₁₂	P₁₃	P₁₄	P₁₅
1	3	1	1	4	4	5	6	2	1	7	7	8	7	8
3	8	3	5	2	7	7	2	8	6	3	3	1	1	5
5	6	6	2	5	3	3	3	3	2	8	2	7	6	7
7	5	8	7	1	2	2	5	4	4	6	4	6	4	1
8	4	4	8	7	6	1	7	1	7	4	1	3	2	4
6	2	2	6	6	8	4	4	6	3	2	6	5	8	3
2	1	5	3	8	5	6	4	5	5	5	8	2	5	2
4	1	5	4	6	4	5	1	1	6	3	1	7	4	1
1	2	2	1	8	1	8	4	4	2	8	4	8	2	4
3	3	4	5	1	3	3	5	5	8	1	8	8	8	3
5	5	8	2	8	7	7	6	6	1	7	6	4	5	2
7	7	6	7	2	6	1	2	2	3	2	7	2	3	6
8	8	8	3	5	5	6	6	8	4	5	5	5	7	8
6	6	3	6	3	8	6	8	3	7	6	2	2	1	5
2	2	7	3	4	2	2	6	1	2	1	6	6	6	7
4	4	2	2	2	2	6	6	4	1	7	8	2	3	5
3	3	5	5	5	3	1	3	5	3	3	4	3	6	6
5	5	4	4	4	5	2	2	6	8	8	1	6	1	8

综合拉丁方设计

P₁	P₂	P₃	P₄	P₅	P₆	P₇	P₈	P₉	P₁₀	P₁₁	P₁₂	P₁₃	P₁₄	P₁₅
120	31	115	88	119	35	82	94	112	12	50	73	124	26	16
123	79	76	66	84	118	110	47	59	9	77	59	32	57	106
68	105	14	18	52	94	45	53	26	85	49	54	91	95	67
119	10	35	51	125	128	72	78	127	96	101	112	27	59	21
109	55	17	62	7	44	109	15	87	44	30	8	90	62	58
87	102	38	35	73	95	97	111	128	98	89	128	115	54	71
31	69	45	53	71	28	2	71	28	93	65	69	102	53	10
111	8	103	105	117	9	58	58	91	119	6	103	39	37	1
92	113	88	120	16	51	65	73	32	61	5	122	29	35	92
122	108	96	73	59	85	9	41	11	104	19	119	2	110	55
83	49	46	65	128	70	90	115	12	90	23	36	25	92	29
104	111	83	83	126	12	7	57	56	78	68	91	59	78	94
33	37	124	114	83	14	106	2	69	29	105	88	58	61	115
71	103	12	90	65	96	70	91	85	80	43	120	126	41	62
91	127	7	115	51	127	76	11	40	52	116	80	28	49	125
6	123	98	1	13	58	26	38	35	49	123	35	107	127	85
50	5	29	6	48	41	54	123	73	53	102	15	67	72	17
47	119	67	39	98	8	113	33	102	30	17	89	65	41	44
4	71	64	34	32	19	115	19	115	38	66	116	10	81	7

（续）

正交设计															综合拉丁方设计														
P_1	P_2	P_3	P_4	P_5	P_6	P_7	P_8	P_9	P_{10}	P_{11}	P_{12}	P_{13}	P_{14}	P_{15}	P_1	P_2	P_3	P_4	P_5	P_6	P_7	P_8	P_9	P_{10}	P_{11}	P_{12}	P_{13}	P_{14}	P_{15}
7	8	1	3	6	1	3	7	2	5	6	3	7	2	3	2	13	92	40	82	112	104	24	27	57	128	121	98	65	3
8	6	7	6	8	4	7	5	7	3	4	2	1	4	2	67	14	107	126	14	101	56	45	36	33	74	3	118	73	32
6	7	6	8	1	7	5	1	3	7	2	5	8	5	1	24	11	1	24	50	79	102	43	38	16	44	77	18	113	34
2	3	3	7	7	3	8	4	8	4	5	7	4	8	4	1	64	116	12	68	110	75	26	3	106	71	12	89	66	89
4	4	6	6	6	3	1	8	4	1	5	3	1	5	8	51	77	117	44	102	53	117	97	83	3	97	41	84	90	18
1	5	3	3	8	7	1	6	1	8	2	2	5	5	6	126	75	33	17	42	42	128	51	79	120	86	61	78	115	84
3	1	1	7	1	4	6	2	6	2	4	5	4	2	7	74	50	71	64	37	56	15	10	92	15	8	95	114	11	11
5	2	7	1	7	1	4	3	5	6	6	7	8	4	5	8	6	86	69	43	86	98	121	13	4	83	100	35	29	101
7	3	5	5	2	5	5	5	7	7	8	6	5	6	4	57	93	94	101	76	61	3	98	98	13	63	87	5	68	63
8	8	2	2	5	8	8	7	2	4	3	8	4	1	1	3	84	61	28	12	67	118	128	105	11	45	48	69	55	77
6	6	4	4	3	6	3	4	8	5	7	4	6	7	2	55	36	82	118	101	45	88	27	89	100	98	13	22	6	98
2	8	8	8	4	2	8	1	3	5	1	1	3	3	3	58	30	4	32	85	36	30	67	47	10	4	38	41	116	59
4	5	1	7	2	8	3	1	4	8	4	7	5	1	2	113	2	10	93	86	20	122	124	18	66	95	14	55	114	120
1	4	7	3	5	5	7	4	1	6	6	5	2	6	3	36	122	37	27	107	60	32	106	33	94	121	23	117	16	68
3	2	6	6	3	2	5	7	6	6	5	2	6	3	4	41	94	128	29	25	17	66	63	46	113	21	49	86	122	74
5	1	3	1	4	6	8	5	5	5	2	3	3	7	1	95	27	102	7	33	81	49	23	110	39	103	55	31	63	114
7	7	4	8	6	7	6	3	2	4	7	1	1	8	7	14	68	54	16	15	82	85	80	116	105	85	70	71	22	99
8	3	8	4	8	3	4	2	8	3	8	4	7	5	5	26	61	15	70	70	3	121	46	4	62	40	39	96	60	123
6	8	5	2	1	1	1	6	8	3	8	8	4	4	8	96	28	119	47	109	90	105	108	22	107	64	45	13	93	117

（续）

正交设计

P1	P2	P3	P4	P5	P6	P7	P8	P9	P10	P11	P12	P13	P14	P15
2	6	2	5	7	4	2	8	3	5	3	6	8	2	6
4	6	5	7	8	2	8	3	6	7	7	3	8	1	3
1	8	2	8	6	6	5	2	5	4	1	2	4	6	2
3	3	4	6	7	8	7	6	4	5	8	5	7	3	1
5	7	8	3	1	5	3	8	1	3	3	7	1	7	4
7	1	6	4	5	1	2	1	8	1	4	6	3	8	5
8	2	3	1	2	4	1	4	3	4	6	8	6	5	7
6	4	1	5	4	7	4	7	7	2	5	4	2	4	6
2	5	7	2	3	3	4	5	2	8	2	1	5	2	8
4	8	4	3	5	4	4	5	6	4	8	7	3	5	6
1	6	8	6	2	1	6	5	5	3	3	6	6	8	8
3	7	5	8	4	3	2	3	4	7	7	2	2	2	5
5	3	2	2	3	7	1	4	1	5	1	3	5	4	7
7	2	1	2	8	6	7	8	8	8	5	1	8	6	1
8	1	7	5	6	2	8	8	8	5	2	4	4	7	4
6	5	6	1	7	5	3	2	3	1	4	8	7	1	4
8	7	6	4	8	8	8	7	7	6	6	8	7	7	3
6	2	3	5	6	8	5	3	2	2	3	6	1	3	2
4	3	6	2	2	6	2	6	5	3	6	1	4	7	7
1	7	3	6	6	5	1	5	6	5	4	4	8	3	5

综合拉丁方设计

P1	P2	P3	P4	P5	P6	P7	P8	P9	P10	P11	P12	P13	P14	P15
93	47	40	87	26	52	101	17	81	54	22	76	106	56	93
18	46	84	110	21	55	114	113	113	122	92	52	125	38	37
62	19	112	106	80	108	55	99	78	118	76	113	128	94	97
115	3	52	30	91	78	19	37	41	116	57	20	82	4	109
34	17	72	42	87	65	38	60	21	109	60	81	79	36	113
84	4	80	15	123	103	48	49	15	82	11	107	45	75	65
16	63	24	125	4	97	37	100	101	91	82	50	52	47	22
52	70	5	127	122	71	127	88	63	125	72	25	11	101	50
46	114	26	102	57	113	107	83	8	46	88	74	19	31	72
38	9	57	50	35	75	41	107	65	6	55	79	100	17	83
10	109	20	119	100	66	46	56	88	74	59	99	49	19	124
110	33	32	33	5	54	77	39	99	89	25	97	34	105	45
75	115	89	45	49	22	39	79	14	69	106	63	44	12	12
82	66	21	57	47	32	29	76	119	75	114	11	92	44	6
76	53	108	98	10	100	124	8	23	41	33	44	105	98	75
49	85	9	117	23	27	60	54	95	79	37	101	26	126	82
88	95	68	108	19	89	11	25	24	25	24	93	8	80	53
7	24	78	75	61	72	4	117	80	48	38	115	75	58	126
86	59	39	116	54	43	100	9	1	70	127	102	77	76	35

（续）

正交设计															综合拉丁方设计														
P_1	P_2	P_3	P_4	P_5	P_6	P_7	P_8	P_9	P_{10}	P_{11}	P_{12}	P_{13}	P_{14}	P_{15}	P_1	P_2	P_3	P_4	P_5	P_6	P_7	P_8	P_9	P_{10}	P_{11}	P_{12}	P_{13}	P_{14}	P_{15}
3	6	1	4	7	2	4	1	1	4	2	8	1	6	8	15	92	28	20	3	7	35	118	118	37	122	10	12	86	24
5	8	7	1	1	6	6	4	4	7	5	6	7	1	6	22	74	70	26	99	68	42	28	114	127	58	75	80	5	105
7	4	5	6	5	7	6	6	3	6	1	7	6	2	2	13	121	73	122	39	99	83	90	117	45	87	126	70	91	70
8	5	2	3	2	3	5	8	8	2	7	5	3	4	3	94	40	42	124	11	111	16	114	9	59	113	104	51	79	90
6	1	4	7	4	1	7	3	2	8	3	2	5	5	4	80	56	8	89	114	25	116	36	50	32	20	67	63	50	19
2	2	8	8	3	4	3	2	7	5	8	3	5	8	1	101	128	118	56	17	123	81	101	29	1	91	92	57	84	28
4	7	1	1	5	3	7	2	5	5	2	6	6	4	4	117	26	56	31	55	83	13	74	2	43	75	1	108	2	43
1	3	7	4	2	7	7	3	6	3	5	8	2	2	2	27	54	3	128	41	11	74	7	53	128	47	90	7	107	13
3	8	6	2	4	4	8	8	1	7	6	4	5	8	2	29	106	53	104	18	30	43	89	39	126	52	42	85	128	118
5	6	3	5	3	1	8	6	4	4	4	1	4	5	3	103	60	95	2	78	5	79	120	37	76	27	43	104	25	119
7	5	4	8	8	5	4	4	3	2	3	3	4	3	8	90	62	127	8	29	15	61	22	104	8	124	37	47	51	61
8	4	8	7	6	8	6	1	8	6	8	2	8	7	7	124	96	48	4	88	47	14	66	75	110	73	68	4	120	15
6	2	5	3	7	6	2	5	2	2	1	5	1	1	7	108	35	91	112	22	13	123	32	61	26	115	27	81	13	112
2	1	2	6	1	2	1	7	7	8	7	7	7	6	5	35	97	114	92	103	1	17	34	31	47	9	57	88	34	79

参 考 文 献

[1] 关晖,唐治华. 发展我国高分辨率资源卫星的技术途径及应用前景 [A]. 首届中国宇航学会学术年会 [C]. 北海:2005.

[2] 李德仁. 对地观测与抗震救灾 [J]. 测绘科学,2009(1):8-10.

[3] ROY R,HINDUJA S,TETI R. Recent advances in engineering design optimisation:Challenges and future trends [J]. CIRP Annals – Manufacturing Technology,2008(57):697-715.

[4] 王希季,李大耀. 卫星设计学 [M]. 上海:上海科学技术出版社,1997.

[5] 刘林. 航天器轨道理论 [M]. 北京:国防工业出版社,2000.

[6] 汪定伟. 基于仿真优化的研究综述和主要问题的探讨 [J]. 系统工程理论与实践,2008:94-102.

[7] 高镜媚. 供应链分销网络多级库存控制的基于仿真的优化方法 [D]. 沈阳:东北大学,2010.

[8] 任露泉. 试验优化设计与分析 [M]. 北京:高等教育出版社,2003.

[9] FISHER R A. The design of experiments [M]. 2nd ed. Rinehart and Winston:New York,1972,67-69.

[10] ROY R K. Design of experiments using the Taguchi Approach [J]. John Wiley and Sons,2001.

[11] LIU X L,CHEN Y G,JING X R,et al. Design of experiment method for microsatellite system simulation and optimization [C]. The 2010 International Conference on Computational and Information Sciences. Chengdu:2010.

[12] 刘晓路,陈盈果,荆显荣,等. 对地观测卫星系统优化问题的求解框架与方法 [J]. 系统工程理论与实践,2011,31(6):1103-1111.

[13] KOLLECK M L,HAMILTON B A. The use of design of experiments (DOE) methodology in a modeling and simulation (M&S) world [C]. 45th AIAA/ASME/ASCE/AHS/ASC Structures,Structural Dynamics & Materials Conference. California:2004.

[14] 陈魁. 试验设计与分析 [M]. 北京:清华大学出版社,2005.

[15] DOUGLAS C,MONTGOMERY. Design and analysis of experiments [M]. John Wiley & Sons,Inc,1991.

［16］ GIUNTA A A,WOJTKIEWICZ JR. S F,ELDRED M S. Overview of modern design of experiments methods for computational simulations ［C］. 41st Aerospace Sciences Meeting and Exhibit. Reno,Nevada:2003.

［17］ 丁娣,秦子增. 基于正交试验的大型降落伞开伞冲击载荷影响因素分析 [J]. 国防科技大学学报,2009,31 (3):11-15.

［18］ GEORGIOU S D. Orthogonal designs for computer experiments ［J］. Journal of Statistical Planning and Inference,2011(141):1519-1525.

［19］ TAGUCHI G. Quality engineering through design optimization ［M］. New York:Krauss International Press,1986.

［20］ 庞善起. 正交表的构造方法及其应用[D]. 西安:西安电子科技大学,2003.

［21］ 史奎凡,董吉文,李金屏,等. 正交遗传算法 ［J］. 电子学报,2002,30 (10): 1501-1504.

［22］ 马晓丽,马履中,周兆忠. 正交——遗传试验算法的分析与应用 [J]. 工程设计学报, 2005,12 (6):334-337.

［23］ JOSEPH R V ,HUNG Y. Orthogonal-maximin Latin hypercube designs[J]. Stata Sinica, 2008,(18):171-186.

［24］ 窦毅芳. 稳健性优化设计理论与方法及其在固体发动机中的应用研究 ［D］. 长沙: 国防科学技术大学,2007.

［25］ FANG K T. The uniform design:application of number-theoretic methods in experimental design ［J］. Acta Math Application Sinica,1980 (3):363-372.

［26］ FANG K T,MA C X,MUKERJEE R. Uniformity in fractional factorials ［C］. Techincal Report MATH-274. Hong Kong Baptist University:2000.

［27］ FANG Y. Relationships between uniform design and orthogonal design ［C］. The 3rd International Chinese Statictical Association Statistical Conference. Beijing:1995.

［28］ FANG K T ,LIN D K J ,QIN H. A note on optimal foldover design ［J］. Statist. & Prob Letters,2003(62):245-250.

［29］ FANG K T,WINKER P. Uniformity and orthogonality ［C］. Technical Report,MATH-175. Hong Kong Baptist University:1998.

［30］ FANG K T,MA C X,WINKER P. Centered L2-discrepancy of random sampling and Latin hypercube design,and construction of uniform design ［J］. Math. Computation,2002(71): 275-296.

［31］ FANG K T,MA C X. Wrap-around L2-discrepancy of random sampling,Latin hypercube and uniform designs ［J］. Journal of Complexity,2001(17):608-624.

［32］ 方开泰. 均匀试验设计的理论、方法和应用——历史回顾 ［J］. 数理统计与管理, 2004,23 (3):69-80.

[33] FANG K T,GE G N,LIU M Q. Uniform supersaturated design and its construction [J]. Science in China,2002(45):1080-1088.

[34] MCKAY M D,BECKMAN R J,CONOVER W J. A comparison of three methods for selecting values of input variables in the analysis of output from a computer code [J]. Technometrics,1979(21):239-245.

[35] LEVY S,DAVID M. Steinberg. Computer experiments:a review [J]. AStA Adv Stat Anal,2010(94):311-324.

[36] JONES B,JOHNSON R T. Designand analysis for the gaussian process model [J]. Quality and Reliability Engineering International,2009(25):515-524.

[37] 荆显荣. 面向对地观测卫星系统顶层设计的试验设计方法研究 [D]. 长沙:国防科学技术大学,2010.

[38] LIU M Q,LIN D K J. Construction of optimal mixed-level supersaturated designs [J]. Statistica Sinica,2009(19):197-211.

[39] 袁志发,宋世德. 多元统计分析 [M]. 北京:科学出版社,2009.

[40] JAKOBSSON S,PATRIKSSON M,RUDHOLM J,et al. A method for simulation based optimization using radial basis functions [J]. Optim Eng,2010(11):501-532.

[41] SAKATA S,ASHIDA F,ZAKO M. An efficient algorithm for Kriging approximation and optimization with large scale sampling data [J]. Computer methods in applied mechanics and engineering Aerospace Science and Technology,2004(193):385-404.

[42] 唐云岚. 集成神经网络和多目标进化算法的卷烟产品参数优化设计方法及应用研究 [D]. 长沙:国防科学技术大学,2008.

[43] ALEXANDER I J,FORRESTER,ANDY J. Recent advances in surrogate-based optimization [J]. Progress in Aerospace Sciences,2009(45):50-79.

[44] YENIAY O,RESIT UNAL,ROGER A,et al. Using dual response surfaces to reduce variability in launch vehicle design:A case study [J]. Reliability Engineering and System Safety,2006(91):409.

[45] HUANG Z J,WANG C E,CHEN J,et al. Optimal design of aeroengine turbine disc based on Kriging surrogate models [J]. Computers and Structures,2011(89):27-37.

[46] AGTE J S,SOBIESZCZANSKI-SOBIESKI J,SANDUSKY R R. Bi-Level integrated system synthesis (BLISS). NASA/TM [R],1998.

[47] BJORKMAN M,HOLMSTROM K. Global optimization of costly nonconvex functions using radial basis functions [J]. Optimization and Engineering,2000,1 (4):373-397.

[48] BUHMANN. Radial basis functions [M]. U. K:Cambridge University Press,2003.

[49] REGIS R G,SHOEMAKER C A. Constrained global optimization of expensive black box functions using radial basis functions [J]. Journal of Global Optimization,2005(31):

153-171.

[50] NESTOR V Q,RAPHAEL T H,WEI S,et al. Surrogate-based analysis and optimization [J]. Progress in Aerospace Sciences,2005(41):1-28.

[51] JACK P C K,ROBERT G S. A methodology for fitting and validating metamodels in simulation [J]. European Journal of Operational Research,2000(120):14-29.

[52] SHAN S,WANG G G. Review of metamodeling techniques in support of engineering design optimization [J]. ASME Transactions,Journal of Mechanical design,2006.

[53] 李建平. 仿真元建模中的拟合方法及其应用研究 [D]. 长沙:国防科学技术大学,2007.

[54] 高月华. 基于 Kriging 代理模型的优化设计方法及其在注塑成型中的应用 [D]. 大连:大连理工大学,2009.

[55] 穆雪峰,姚卫星,余雄庆,等. 多学科设计优化中常用代理模型的研究 [J]. 计算机力学学报,2005,22 (5):608-611.

[56] 王晓峰,席光,王尚锦. Kriging 与响应面方法在气动优化设计中的应用 [J]. 工程热物理学报,2005,26 (3):422-425.

[57] JIN R,CHEN W,SIMPSON T W. Comparative studies of meta modeling techniques under multiple modeling criteria [J]. Structural and Multidisciplinary Optimization, 2001, 23 (1):1-13.

[58] 贺勇军,戴金海,王海丽. 复杂多卫星系统有效覆盖特性的仿真分析 [C]. 全国仿真技术学术会议论文集,2003.

[59] MORFISON J J. A system of sixteen synchronous satellites for world-wide navigation and surveillance,Report FAA-RD-73-30 [R],1973.

[60] BOGEN A H. Geometric performance of the global positioning system, Aerospace Corp Report SAMSO-TR-74-169 [R],1974.

[61] 白鹤峰. 卫星星座的分析设计与控制方法研究 [D]. 长沙:国防科学技术大学博士学位论文,1999.

[62] CHRISTOPHER J,DIDIER. A commercial architecture for satellite imagery [D]. Monterey, California:Master Thesis of Naval Postgraduate School,2006.

[63] PEGHER D J, PARISH J A. Optimizing coverage and revisit time in sparse military satellite constellations:A comparison of traditional approaches and genetic algorithms [D]. Monterey,CA:Naval Postgraduate School,2004.

[64] MARTIN W L. Satellite-constellation design [J]. Computation in communication,1999.

[65] ALAN R,WASHBURN. Earth coverage by satellites in circular orbit [R]. Naval Postgraduate School,1990.

[66] 谢金华. 遥感卫星轨道设计 [D]. 郑州:中国人民解放军信息工程大学硕士学位论

文,2005.

[67] RENDON A. Optimal coverage of the theater targets with small satellite constellations [D].
Maxwell：Air University,2006.

[68] FISHER R A. The design of experiments [M]. New York：Rinehart and Winston,1972.

[69] JOHNSON M E,MORRE L M,YLVISAKER D. Minimax and maximum distance designs
[J]. Journal of Statistical Planning and Inference,1990,26 (2)：131-148.

[70] PARK J S. Optimal Latin hypercube designs for computer experiments [J]. Journal of Sta-
tistical Planning and Inference,1994,39 (1)：95-111.

[71] MORRIS M D,MITCHELL T J. Exploratory designs for computational experiments [J].
Journal of Statistical Planning and Inference,1995,43 (3)：381-402.

[72] HICKERNELL F J. A generalized discrepancy and quadrature error bound [J]. Math.
Comp,1998(67)：299-322.

[73] FANG K T,MA C X,WINKER P. Centered L2-discrepancy of random sampling and Latin
hypercube design and construction of uniform designs[J]. Mathematics of Computation,
2000,71 (237)：275-296.

[74] JIN R C,CHEN W,SUDJLANTO AGUS. An efficient algorithm for constructing optimal
design of computer experiments [J]. Journal of Statistical Planning and Inference,2005,
134 (1)：268-287.

[75] BART H,GIJS R,EDWIN V D,et al. Space-filling Latin hypercube designs for computer
experiments [R]. Department of Econometrics and Operations Research, Tilburg
University,2006.

[76] FLORIAN. An Efficient Sampling Scheme：Updated Latin hypercube sampling [J]. Proba-
bilistic Engineering Mechanics,1992(7). 123-130.

[77] IMAN R L,CONOVERO W J. A distribution-free approach to inducing rank correlation
among input variables [J]. Commun. Statist,1982(B11)：11-34.

[78] OWEN A B. Orthogonal arrays for computer experiments,integration and visualization [J].
Statistica Sinica,1992(2)：439-452.

[79] TANG B. Orthogonal array based Latin hypercubes [J]. Journal of the American Statistical
Association,1993,88 (424)：1392-1397.

[80] OWEN A B. Controlling correlations in Latin hypercube samples [J]. Amer. Statist.
Assoc,1994(89)：1517-1522.

[81] TANG B. Selecting Latin hypercubes using correlation criteria [J]. Statistica Sinica,1998
(8)：965-977.

[82] YE K Q. Orthogonal column Latin hypercubes and their application in computer experiments
[J]. Journal of the American Statistical Association,1998,93 (444)：1430-1439.

[83] BUTLER N A. Optimal and orthogonal Latin hypercube designs for computer experiments [J]. Biometrika,2001(88):847-857.

[84] ANG J K. Extending orthogonal and nealy orthogonal Latin hypercube designs for complex simulation and experimentation [D]. Naval Postgraduate School,2006.

[85] PANG F,LIU M Q,LIN D K J. A construction method for orthogonal Latin hypercube designs with prime power levels [J]. Statistica Sinica,2009(19):1721-1728.

[86] COLORNI A,DORIGO M,MANIEZZO V. Distributed optimization by ant colonies [A]. European Conference on Artificial Life [C]. Paris,France:Elsevier Publishing,1991.

[87] CIOPPA. Efficient nealy orthogonal and space-filling experimental designs for high-dimensional complex models [D]. Naval Postgraduate School,2002.

[88] THOMAS M C,THOMAS W L. Efficient nearly orthogonal and space-filling Latin hyper-cubes [J]. Technometrics,2007,49(1):45-55.

[89] LUNDY M,MEES A. Convergence of an annealing algorithm [J]. Math. Program,1986 (34):111-124.

[90] 刘新亮. 技术引入对武器装备体系能力影响的评估方法研究 [D]. 长沙:国防科学技术大学,2009.

[91] 刘新亮,郭波. 适用于复杂系统仿真试验的试验设计方法 [J]. 国防科技大学学报, 2009(31):95-99.

[92] 刘新亮,郭波. 基于改进 ESE 算法的多目标优化试验设计方法 [J]. 系统工程与电子技术,2010,32(2):410-414.

[93] LIEFVENDAHL M,STOCKI R. A study on algorithms for optimization of Latin hypercubes [J]. Journal of Statist. Plann. Inference,2006(136):3231-3247.

[94] MORRIS M D,MITCHELL T J. Exploratory designs for computational experiments [J]. Journal of Statistical Planning and Inference,1995,43(3):381-402.

[95] 方开泰,马长兴. 正交与均匀试验设计 [M]. 北京:科学出版社,2001.

[96] JIN R,CHEN W,SUDJIANTO A. An efficient algorithm for constructing optimal design of computer experiments [J]. Journal of Statistical Planning and Inference,2004,134(1): 268-287.

[97] ALEJANDRO S. Breaking barriers to design dimensions in nearly orthogonal Latin hyper-cubes [D]. Monterey,California:Naval Postgraduate School,2008.

[98] 王凌,郑大钟. 邻域搜索算法的统一结构和混合优化策略 [J]. 清华大学学报(自然科学版),2000,40(9):125-128.

[99] METROPOLIS N,ROSENBLUTH A,ROSENBLUTH M. Equation of state calculations by fast computing machines [J]. Journal of Chemical Physics,1953(21):1087-1092.

[100] KIRKPATRICK S,GELATT J C D,VECCHI M P. Optimization by simulated annealing

[J]. Science,1983(220):671-680.

[101] 陈华根,吴健生,王家林,等. 模拟退火算法机理研究 [J]. 同济大学学报(自然科学版),2004,32 (6):802-805.

[102] INGBER L. Very fast simulated re-annealing [J]. Math Compute Modelling,1989(12): 967-973.

[103] BANERJEE S,DUTT N. Technical report ,CECS-TR-04-17 [C]. UC,Irvine:2004.

[104] 陈华根,李丽华,许惠平,等. 改进的非常快速模拟退火算法 [J]. 同济大学学报(自然科学版),2006,8 (34):1121-1125.

[105] GEMAN S,GEMAN D. Stochastic relaxation,Gibbs distribution and the Bayesian restoration in images [J]. IEEE Trans Patt Anal Mac Int,1984,6 (6):721-741.

[106] 白保存. 考虑任务合成的成像卫星调度问题模型与算法研究 [D]. 长沙:国防科学技术大学,2008.

[107] INGBER L. Simulated annealing:Practice versus theory [J]. Journal of Mathl. Comput. Modelling,1993,18 (11):29-57.

[108] 邢文训,谢金星. 现代优化计算方法 [M]. 北京:清华大学出版社,2005.

[109] MARTIN J D,SIMPSON T W. A study on the use of Kriging models to approximate deterministic computer models [A]. Design Engineering Technical Conferences and Compters and Information in Engineering Conference [C]. Chicago:2003.

[110] JONES D R,SCHONLAU M,WELCH W J. Efficient global optimization of expensive black—box functions [J]. Journal of Global Optimization,1998(13):445-492.

[111] LOPHAVEN S N,NIELSEN H B,SONDERGAARD J. DACE—A Matlab Kriging toolbox [J]. Informatics and mathematical modelling,2002.

[112] 尹大伟,李本威,王永华,等. 基于 Kriging 方法的航空发动机压气机特性元建模 [J]. 航空学报,2011,32 (1):99-106.

[113] JONES D R,SCHONLAU M,WELCH W J. Efficient global optimization of expensive black—box functions [J]. Journal of Global Optimization,1998,(13):445-492.

[114] GIUNTA A A,WATSON L T. A comparison of approximation modeling techniques:polynomial VS interpolating models [J]. AIAA,1998:4758.

[115] BOOKER A J,CONN A R,DENNIS J E,et al. Global modeling for optimization:Boeing/IBM/Rice collaborative project [R]. ISSTECH-95-032, The Boeing Company, Seattle 1995.

[116] SACKS J,WELCH W J,MITCHELL T J,et al. Design and analysis of computer experiments [J]. Statistics Science,1989,4 (4):409-435.

[117] ZAGORAIOU M,ANTOGNINI A B. Exact optimal designs for computer experiments via Kriging metamodelling [J]. Journal of Statistical Planning and Inference,2010,(140):

2607-2617.

[118] SIMPSON T W, MAUERY T W, KORTE J J, et al. Comparision of response surface and Kriging models for multidisciplinary design optimization [C]. 7th Symposium on Multidisciplinary Analysis and Optimization, 1998.

[119] SIMPSON T W, MAUERY T M, KORTE J J, et al. Kriging models for global approximation in simulation-based multidisciplinary design optimization [J]. AIAA Journal, 2001, 39 (12):2233-2241.

[120] MAZZIERI C, ROSSI M, LUCIFREDI A. Application of multi-regressive linear models, Dynamic Kriging models and neural network models to predictive maintenance of hydroelectric power systems [J]. Mechanical Systems and Signal Processing, 2000, 14 (3): 471-494.

[121] SAKATA S, ASHIDA F, ZAKO M. Structural optimization using Kriging approximation [J]. Computer Methods in Applied Mechanics and Engineering, 2003(192):923-939.

[122] BOOKER A J, DENNIS J E, FRANK P D, et al. Optimization using surrogate objectives on a helicopter test example [R]. Boeing Shared Services GroupTechnical Report. SS-GTECH-97-027, 1997.

[123] 王红涛, 竺晓程, 杜朝辉. 基于 Kriging 代理模型的改进 EGO 算法研究 [J]. 工程设计学报, 2009, 16 (4):266-270.

[124] LEE S H, KIM H Y. Cyindrical tube optimization using response surface method based on stochastic process [J]. Journal of Material Processing Technology, 2002(130):490-496.

[125] 高月华, 王希诚. 基于 Kriging 代理模型的稳健优化设计 [J]. 化工学报, 2010, 61 (3):676-681.

[126] KOCH P N, WUJEK B, GOLOVIDOV. Facilitating probabilistic multidisciplinary design optimization using Kriging approximation models [C]. 9th AIAA/USAF/NASA/ISSMO Symposium on Multidisciplinary Analysis and Optimization. Atlanta, Georgia: 2002.

[127] ROSHAN V, HUNG Y, SUDJIANTO A. Blind Kriging: A new method for developing metamodels [J]. J. Mech. Des, 2008, 130 (3):1-8.

[128] LOPHAVEN S N, NIELSEN H B, SONDERGAARD J. DACE: a Matlab Kriging toolbox, version 2.0 [R]. IMM Technical University of Denmark, Lyngby: 2002.

[129] http://www.sumo.intec.ugent.be/? q=sumo_toolbox.

[130] DECLERCQ F, COUCKUYT I, DHAENEY T, et al. Surrogate-based infill optimization applied to electromagnetic problems [J]. International Journal of Rf & Microwave Computer-Aided Engineering, 2010, 20 (5):492-501.

[131] GORISSEN C, DEMEESTER, DHAENE, et al. A surrogate modeling and adaptive sampling toolbox for computer based design [J]. Journal of Machine Learning Research,

2010(11):2051-2055.

[132] SHEWRY M C,WYNN H P J. Maximum entropy sampling [J]. Journal of Applied Statistics,1987(14):165-170.

[133] SCHONLAU M. Computer experiments and global optimization [D]. Waterloo:University of Waterloo,1997.

[134] AUDET C,DENNIS J E. A pattern search filter method for nonlinear programming without derivatives [J]. SIAM Journal on Optimization,2004,14(4):980-1010.

[135] 陈昊. 基于遗传算法与代理模型的协同优化方法的研究 [D]. 南昌:南昌航空大学,2007.

[136] WILSON R B. A simplicial algorithm for concave programming [D]. Cambridge:Harvard university,1963.

[137] 石国春. 关于序列二次规划(SQP)算法求解非线性规划问题的研究 [D]. 兰州:兰州大学,2009.

[138] 段丽娟,吴成富,张闻乾,陈怀民. 基于序列二次规划算法的控制律寻优设计 [J]. 火力与指挥控制,2009,34(1):53-56.

[139] JONES D R,PERTTUNEN C D,STUCKMAN B E. Lipschitzian optimization without the Lipschitz constant [J]. Optimization Theory & Application,1993(79):157-181.

[140] MYATT D R,BECERRA V M,NASUTO S J,et al. Advanced global optimisation for mission analysis and design [R]. 2004.

[141] 杨颖,王琦. STK 在计算机仿真中的应用 [M]. 北京:国防工业出版社,2005.

[142] 张更新. 现代小卫星及其应用 [M]. 北京:人民邮电出版社,2009.